Made with ❤ on the BookLeaf Publishing Platform
www.bookleafpub.in
www.bookleafpub.com

AF722128

Dedication

हमने जो कुछ भी इस किताब में लिखा है वो मेरी अपनी कहानी है ऐसा मत समझिएगा। हमने तो बस कुछ मोड़ पर महसूस होने वाले खूबसूरत एहसासों को सोचने, समझने, महसूस करने और संकलित करने की कोशिश की है। हर कविता एक किस्म की आत्मिक अनुभूति और आत्मबोध का साक्ष्य है।

ये उन पाठकों के लिए है जिन्हें सिर्फ़ शब्दों को नहीं, बल्कि एहसासों की निरन्तरता और शब्दों में छुपी ख़ामोशी को पढ़ना भी पसंद है।

अक्सर लोग कवितायें पढ़ते हैं और लेखक से पूछते हैं की किसके लिए लिखी ये तुमने? और मैं हर बार अपनी बारी में बस यही कहता था की,

तसव्वुर की रातों से चुरा कर लाते हैं, हर दिन हज़ार पल,
नादान दुनिया है जो समझती है, की ये मेरी अपनी कहानी है।

अब आपको ये बताते हुए मैं बेहद खुश हूँ की ये कविताएँ सच में आपके लिए ही लिखी गई हैं। आपको उन क्षणों में वापस ले जाने के लिए जिनको आप आज भी जीना चाहते हैं। तो यदि इनमे आपको अपने हृदय की धड़कन सुनाई दे, तो समझियेगा की ये रचनाएँ अपने उद्देश्य तक पहुँच गई हैं।

ये किताब उन सभी दिलों के नाम, जिन्होंने कभी सच्चा इश्क़ महसूस किया है, चाहे वह मुकम्मल हुआ हो या अधूरा रह गया हो। उन

खामोश यादों के नाम, जो वक्त के साथ धुंधली तो हो जाती हैं, पर दिल से कभी मिटती नहीं। उस इश्क़ के नाम, जिसने हमें जीना, महसूस करना और शब्दों में दिल की बातें कहना सिखाया।

धन्यवाद!

Preface

इश्क़ को शब्दों में बाँधना आसान नहीं होता, उसे तो बस महसूस किया जा सकता है। "इश्क़.... है तो है" उसी अनकहे, अनजाने और अनदेखे एहसास को फिर से महसूस करने की एक छोटी सी कोशिश है।

किसी की मुस्कान, किसी की याद, किसी का इंतज़ार, कोई अधूरी कहानी, जुदाई की वो टीस और फिर उम्मीद की वो किरण और आख़िर में इस बात की स्वीकृती कि उसके बिना भी उससे इश्क़ जारी रखा जा सकता है।

यह किताब सच पूछो तो आपके उन्ही पलों को, एहसासों को दुहराने की कोशिश है, जो आपके दिल में चुपचाप जन्म लेते हैं। कुछ कविताएँ और पक्तियाँ जीवन के कुछ अन्य रिश्तों व पहलुओं को भी समर्पित हैं। इसके अलावा आपको कुछ बेहद रोचक शायरी और छोटे नज़्म भी पढ़ने को मिलेंगी जो आपको आपकी ज़िंदगी और इश्क़ से जोड़े रखेंगी।

इस संग्रह की हर पंक्ति दिल की उस गहराई से निकली है, जहाँ भावनाएँ शब्दों से पहले जन्म लेती हैं। तो, अगर इन पन्नों में आपको अपनी कोई कहानी याद आए, कोई अधूरा सपना, कोई छुपी मुस्कान, या कोई भूली हुई खूबसूरत याद फिर से मिल जाए; तो समझिए, "इश्क.... है तो है" ने अपना सफ़र सफलता पूर्वक पूरा किया।

क्योंकि सच तो यही है ना, की इश्क़... है तो है।

इन रचनाओं में मैंने कुछ ऐसे शब्दों को भी इस्तेमाल किया है जो शायद आपको नागँवारा लगे, लेकिन हमे उम्मीद है आप समझेंगे कि एहसासों को महसूस करने के लिए वो शब्द वहाँ जरूरी थे। फिर भी अगर इससे किसी के दिल पर ठेस पहुँचे तो हम पहले ही तहे दिल से माफ़ी माँगते हैं।

धन्यवाद!

Acknowledgements

मैं हृदय से उन सभी आत्मीय जनों का कृतज्ञ हूँ जिनकी उपस्थिति और अनुपस्थिति ने मेरी लेखनी को कुछ अर्थ दिया।

इस क्रम में मैं सबसे पहले अपने परिवार जनों (मेरे स्वर्गीय पिताजी 'श्री आदेश कुमार मिश्र' सहित), मित्रों व अन्य सभी लोगों को धन्यवाद देता हूँ जिन्होंने हमेशा मुझे और मेरी लेखनी को प्रेरित किया, हर मोड़ पर मेरा साथ दिया और हमेशा आगे बढ़ने का हौसला दिया।

उन क्षणों का, उन अनुभवों का तथा उन ख्यालों का भी धन्यवाद जिन्होंने मुझे संवेदना एवम प्रेम का विस्तार और उसकी गहराई को समझाने में कोई कसर नहीं छोड़ी।

और अंततः मेरी ज़िन्दगी को और आप सब के उस इश्क़ को भी नमन, जिसने मुझे लिखने का साहस दिया और थोड़ा बहुत जो कुछ भी आज़ मैं लिख पा रहा हूँ, वो लिखना सिखाया।

1. माँ

(पहली कविता हर माँ को समर्पित)

करुणामयी ममतामयी, उस ईश का अवतार हो,
हर बात में अमृत तुम्हारे, हर कष्ट का उपचार हो।

हर युक्ति समुचित, उत्कृष्ट सा चित्त, हर कीर्ति का प्रकाश हो।
तुम आस का पर्याय हो, हर मुश्किलों का उपाय हो।

तुम हो गुरु सहचर भी हो, तुम ओज हो अस्तित्व भी,
हिय वृहद् तुम हो ज्ञान सरिता, तुम सत्य का पारावार हो।

तुम ही सर्वोच्च सम्पदा, ना तुम अगर है दीन जग,
तुम तारिणी हो हर शोक की, तुम ही दिया व् प्रकाश भी।

हे जननी हे माँ समुद्रजा, इस सूत पर उपकार हो,
उत्पत्ति मेरी सफल हो, जीवन मेरा उद्धार हो।

तुम हो समग्र जग वसुंधरा, पद में बसा सुरलोक है,
तुम ही समस्त तुम पूर्ण हो, हे माँ तुम्ही सम्पूर्ण हो।।

✍ जय❤

2. पति-पत्नी का सातवाँ जनम

(दूसरी कविता हर पति-पत्नी के खूबसूरत रिश्ते को समर्पित)

आज सुबह जब पत्नी ने प्यार से, चाय का कप आगे बढ़ाया,
चाय की चुस्की के साथ थोड़ी चुटकी लेने का भाव मन में आया।

मुस्कुराते हुए हमने कहा,
भागवान! वैसे तो हमने सात जनम साथ निभाने की कसमें खाई थी,
पर बहुत दिनों से हमनें आपसे एक इंपोर्टेंट बात छुपाई थी।

एक दिन एक ज्योतिष जी कह रहे थे कि शायद ये हमारा सातवां जनम है,
तभी तो ना कोई तू-तू मैं-मैं है, और ना कोई तकरार है,
बस मोहब्बत ही मोहब्बत और प्यार ही प्यार है।

लोग कहते हैं कि फैशन के दौर में गारंटी की इच्छा ना करें,
तो अगर ये हमारा सातवाँ है,
फिर अगले जनम में हमारी प्रतीक्षा ना करें। 😜

वो पहले तो मुस्काई और फिर कुछ सोच कर कहा,
आप पति हो मेरे, मैं आपकी सारी बात मानती हूं,
पर इतनी ज्योतिष विद्या तो मैं भी जानती हूं, 😘

आजकल तो फैशन में 'बाय 1 गेट 1' का जमाना है,
तो अगर ये अपना सातवां है, फिर भी,
अगला सात भी आपके साथ ही निभाना है। 🙈
✍️ जय❤️

3. ये जो लिखने की आदत है, बड़ी अजीब आदत है

ये जो लिखने की आदत है, बड़ी अजीब आदत है,
ना लिखूँ तो तन्हा और लिखूँ तो रुसवा हो जाता हूँ।

समझ नहीं आता कि क्यों लिखता ही जाता हूँ,
क्यों ना जानें खुद को ना मैं रोक पाता हूँ।

सोचता हूँ कि अब थोड़ी दूरी मैं बरतुंगा,
खुद किए वादे को अक्सर खुद भुलाता हूँ।

कल किसी ने कह दिया कि, क्यों हो लिखते तुम,
क्यों कभी हो जाते हो, तुम एकदम से गुम|

"कभी कुछ बीत जाती है, कभी कुछ सोच लेता हूँ",
बस इस कदर लोगों से मैं बातें बनाता हूँ।

तसव्वुरातों की ये दुनियां भी कितनी खूब लगती है,
अक्सर दुखों में भी यहां मैं मुस्कुराता हूँ।

सच कहूँ तो ख्वाबों में मिलते कई किस्से,
इनमें ही खुद की कहानी मैं जीता जाता हूँ।

खूब याराना है अपना , अपनी 'कलम' से,
याद करता है मुझे, मैं जब भी भूल जाता हूँ।

रोज कहता हूँ कलम से, छोड़ दे पीछा,
फिर ना जाने खुद ही कैसे मान जाता हूँ
और मैं बस इस कदर लिखता ही जाता हूँ।

ये जो लिखने की आदत है, बड़ी अजीब आदत है,
ना लिखूँ तो तन्हा और लिखूँ तो रुसवा हो जाता हूँ।

✍ जय❤

4. तुम ना होती थी, तो क्या होता था

(हर इक औरत को समर्पित)

तुम हो जिंदगी के हर हिस्से में,
हर कहानी में और किस्से में...

तुम ना होती थी तो क्या होता था,
ना होती थी ये दुनियाँ, ये मंजर ना होता था,
जो लिखने बैठा तो जाना कि इक तुम्हारे बिना,
ना होती थी ये धरती, ये अम्बर ना होता था।

हर पल हमे तुमसे खुशियां मिली,
जो चाहा था हमने वो दुनियाँ मिली,
मिले हमको जीने के मक़सद कई,
तुमसे तिनको के बदले टहनियां मिली।

मगर सोचता हूँ कि इक तुम्हारे बिना,
ना होती थी ये खुशियाँ, ये मक़सद ना होता था,
तुम ना होती थी तो क्या होता था।

मुश्किलों में मदद की परछाईयाँ मिली,
जिंदगी के पहलुओं की गहराइयाँ मिली,
मिली हमको जीने की हिम्मत तुम्ही से,
कुछ कर गुजरने के जज़बों को ऊँचाईयाँ मिली...

मगर सोचता हूँ कि इक तुम्हारे बिना,
ना होती थी ये हिम्मत, ये ऊँचाईयाँ ना होती थी..
हम दोनों की कोई जिंदगानी ना होती थी।

तुम हो तो है लिखने का मौका मिला,
वर्ना लिखने को कोई कहानी ना होती थी...
तुम ना होती थी तो क्या होता था।

कुछ ने माँ पर लिखा, कुछ ने अपनी वफ़ा पर,
कुछ थे लिखते रहे हमसफ़र पर सही,
कुछ ने बेटी और बहनों के ऊपर लिखा,
और कुछ तो लिखते रहे बस सफर पर सही।

जो जीते हैं तुमको, उनके जीने की वजह,
कुछ को लिखने की बेहतर वजह तुम मिली।

मगर सोचता हूँ की इक तुम्हारे बिना,
ना होते थे ग़ालिब, कोई शायर ना होता था,
ना होती थी ये धरती, ये अम्बर ना होता था
तुम ना होती थी तो क्या होता था।

✍ जय❤

5. ये प्यार क्या होता है

एक दिन मैं भी, बड़ी गहरी सोच में पड़ गया,
जहा खड़ा था, लगा वही पर जैसे गड़ गया,

सोचने लगा की आखिर ये प्यार क्या होता है?
क्या ये बस मेहबूब की धड़कनों से होकर गुजरता है?
या फिर इस कायनात की हर शह में बिखरता है?

वो विदाई के वक्त भाई का, दूर कही खड़ा होना,
छोटी बहनो का खेलते खेलते, अचानक से बड़ा होना,
वो बाबु जी का रिस्ते के लिए, एकदम से अड़ा होना,
हर रिस्ते में अलग से रंग के, हीरे का जड़ा होना,

वो माँ का चोट लगने पर, खूब गुस्सा करना,
बाबूजी के दूर चले जाने पर, जीते जी मरना,

वो राह चलते किसी की बातों में, यूँही गुम हो जाना,
तुम कभी हम और, हम कभी तुम हो जाना,

वो यादों में किसी की, बस दिन रात रोना,
अक्सर ख्वाबों में भी, बस उसी के साथ होना,

या फिर तब
जब उस बुढ़िया की सब्जी की टोकरी उठाकर, उसके सर रखते हो,
जब बस में बैठे उस छोटे से बच्चे को, तुम एक टुक तकते हो,

जब माँ बाहर जाते वक्त हाँथ में, अब भी कुछ पैसे दे देती है,
जब बीवी अब भी बटुए से बिन पूछे, अपना हिस्सा ले लेती है,

जब कैंटीन की एक ही चाय में, बंटवारे कर देते हैं,
जब वही पुराने दोस्त हमे, गाली देकर हँस देते हैं,

जब पत्नी कुछ कहे बिना ही, जाने क्या क्या कह देती है,
जब माँ बिन बोले बच्चों के, सारे दुःख हँस सह लेती है।

जब वही पिता बाज़ारों से, हमको खुशियां ले आता है,
जब करवा चौथ पर उपहार नहीं, हँसता चेहरा मिल जाता है।

जब पगली लड़की हँसते हँसते, बस पगली सी लग जाती है,
जब बात बात में जान बुच कर, गुस्सा हमे दिलाती है।

जब इक शादी में, अन्जाने चेहरे भी अपने लगते हैं।
जब इक लड़की मुस्काती है और, सपने भी अपने लगते हैं।

देखो!
कभी बस किसी की आँखों में जी भर देख लेना प्यार है,
तो कभी किसी की बातें दिल पर लेख लेना प्यार है।

कभी किसी को याद करके बस रो देना प्यार है,
तो कभी किसी और में खुद को खो देना प्यार है।

कभी किसी से घंटों घंटों बातें करना प्यार है,
तो कभी किसी की इक बात पर जीवन भर मरना प्यार है।

कभी किसी के लिए कुछ कर गुजरना प्यार है,
तो कभी किसी के लिए बार- बार सँवरना प्यार है।

जरुरी नहीं कि प्यार में, 'बस तुम ही' का एहसास हो,
जरुरी नहीं कि आपका प्यार, हर पल आपके पास हो।

तो फिर क्यूँ,
आखिर क्यूँ हम, किसी से भी प्यार नहीं कर सकते?
क्यूँ हम बार-बार, किसी और पर नहीं मर सकते?

क्यूँ किसी की आँखों में देख कर, प्यार नहीं हो सकता?
क्यूँ ये एहसाह हमे, बार-बार नहीं हो सकता?

क्यूँ प्यार करने के लिए, ये रिश्ते जरुरी होते हैं?
क्यूँ इस इक एहसास के लिए ही, फरिश्ते जरुरी होते हैं?

क्यूँ सब कहते हैं कि, प्यार बस एक से ही होता है?
क्यूँ दोबारा प्यार कर लेना, आखिर इतना गलत होता है?

प्यार सिर्फ किसी एक से होने का एहसास नहीं है,
प्यार अगर एक से है तो आपका प्यार खास नहीं है,

गिनती में एक ही नहीं, ये तो हज़ार भी हो सकता है,
प्यार किसी से भी, कभी भी और कितनी बार भी हो सकता है।

✍ जय❤

6. कुछ लिखना चाहता हूँ मैं

तुम्हारे हुस्न पर, तुम्हारे उन ज़ालिम अदाओं पर...
तुम्हारे गेसुओं में बिखरे उन काली घटाओं पर...
तुम्हारी मदहोश आखों पर, तुम्हारी कातिल निगाहों पर...
तुम्हारे इश्क़ में डूबे हुए हर इक वफाओं पर...
कुछ लिखना चाहता हूँ मैं...

तुम्हारे लाल होठों पर कि जैसे हो कली गुल की...
तुम्हारी शर्म की शबनम में भींगे उन सर्द गालों पर...
तुम्हारे ख़ूबसूरत हाथों की पतली कलाई पर...
तुम्हारी मासूमियत पर और तुम्हारी हर सच्चाई पर...
कुछ लिखना चाहता हूँ मैं...

तुम्हारे आँख के काजल, तुम्हारे माथे की बिंदिया...
तुम्हारे कान के बालें, तुम्हारी नाक की नथिया...
तुम्हारे हाथ के कंगन और कंगन के खनखनानें पर...
तुम्हारे पैरों के पायल और पायल के छमछमानें पर...
कुछ लिखना चाहता हूँ मैं..

वो बातें, वो हँसी और तुम्हारा जिन्दा दिल रहना...
चुपचाप रहकर भी ना जाने क्या क्या यूँ कहना...
तुम्हारे जिंदगी के अनछुए उन हर पहलुओं पर...
तुम्हारी रौशनी में भींगते उन हर जुगनुओं पर...
कुछ लिखना चाहता हूँ मैं...

तुम्हारी जान लेती हर कदम उस मुस्कुराहट पर...
तुम्हारी शोर करती हर घड़ी उस खामोश आहट पर...
तुम्हारी मेरे दिल पर लिखे हुए उस हर लिखावट पर...तुम्हारे हुस्न में
शामिल हुए उस हर बनावट पर...
कुछ लिखना चाहता हूँ मैं...

नहीं आसान है इतना की कोई तुमपर लिख पाए...
तुम्हारी इक बात लिखने बैठें तो समझो उम्र लग जाए.

ये जानता हूँ कि शायद तुमपर मैं लिख ना सकूँगा...
फिर भी तुम्हारे उन हर इक अंदाज-ए-बयानों पर...
तुम्हारे जाने पर मिलते हुए उन हर निशानों पर...
सच है ये कि अब मगर कुछ लिखना चाहता हूँ मैं...

पहले लिखता था तो लिखता था हज़ारों पर...
अब तो बस इक तुम्ही पर कुछ लिखना चाहता हूँ मैं है।
✍ जय❤

7. मेरी कलम की मुश्किलें

तुम्हारी बक बक में खोए रहते हैं,
बेपरवाह इस कदर,
तुम सामने भी होती तो शायद,
तुम पर नजर नहीं जाती।

कहती हो कि तुम्हारे हुस्न पर,
लिखते नहीं है हम,
तुम्हे देखते ही हर बार,
मेरी साँसें ठहर जाती।

सोचा तुम्हे हर पल,
कोशिश भी हज़ार की,
कम्बख़्त! तुम्हे सोच के मदहोश होने की,
आदत नहीं जाती।

माना कि हिम्मत करके,
तुम्हे जी भर देख भी लेता था,
फिर साँसें ही कहां बचती,
जो कलम मेरी तुम पर लिख पाती।
✍ जय❤

८. क्या हो तुम

अच्छा बताओ ना ! हो क्या तुम?
क्या हो जो इतना भाव खाती हो?

ना क्यूट हो, ना प्यारी हो,
ना खुबसूरत हो और ना ही समझदार,
हॉट या सेक्सी वाली कोई बात भी नहीं है,
बात करो तो लड़ने को हमेशा तैयार रहती हो।

तो बताओ क्या हो तुम?
इतनी नकचढ़ी क्यों हो?
इतना एटीट्यूड क्यों भरा है अंदर?
काहें का गुस्सा और काहेँ की नफ़रत?

सच पूछो तो, पागल, बेवकूफ, बेकार, बकवास,
जैसे शब्द ही सही बैठते हैं तुम पर।

बहुत जल्दी ही पिटोगी हमसे तुम,
भले ही ये ख्वाबों में ही संभव हो।

थोड़ा सा प्यार क्या करते हैं हम,
तुम तो सिर पर ही बैठी रहती हो।

अच्छा सुनो ना,
एक छोटी सी गुजारिश है तुमसे,
शायद तुम हर बार के जैसे,
इस बार भी मेरी बात ना मानों,
फिर भी, गुजारिश है तो है।

तुम जो भी हो, जैसी भी हो,
और जिस वजह से भी हो,

बस ऐसी ही रहना। हमेशा।
✍ जय❤

9. यार; तुम कमाल हो!

हसीन हो, नाजनीन हो, लगती तुम बवाल हो,
ज़िंदादिल हो, खुश मिजाज़ हो, तुम बेमिसाल हो।

घर की जिम्मेदारियों ने देखते देखते बड़ा कर दिया है तुम्हें, वरना;
बच्चे सा तो दिल है तुम्हारा, यार; तुम कमाल हो।

दोस्तों की हो दोस्त, महफिल का महाल हो,
चुलबुली हो, शरारती हो, हर रिश्ते की जाल हो।

जरूरतों में समझदार होना तो जिंदगी सीखा गई, वरना;
पागलपन तो अब भी वैसा ही है, यार; तुम कमाल हो।

किसी की कल्पना तो किसी का खूबसूरत खयाल हो,
हर सवाल का जवाब हो मगर, खुद अनुत्तरित सवाल हो,

चेहरे की शिकन बताती हैं कठनाइयों का दौर, वरना;
बेबाक मुस्कुराहट की मल्लिका हो, यार; तुम कमाल हो।

✍ जय❤

.

10. नॉस्टैल्जिया

सब पूछते हैं कि उसमे हमें क्या अच्छा लगता है,
कहते हैं की वो नकचढ़ी है,
ईगो तो मानो कूट-कूट के भरा हो,
हर पल गुस्से में रहती है,
और रिएक्शन्स तो बॉम्ब वाले ही होते हैं।

हँसती नहीं। बातें कम करती है।
अपनी ही दुनिया में खोयी रहती है।
जब चाहे जिसको चाहे, सुना देती है।
एटीट्यूड भी बहोत है।

फिर हमें क्या और क्यों अच्छा लगता है भला उसमे।
मैं ख़ुद भी सोचता हूँ तो कुछ समझ नहीं पाता।

ना प्यार है और ना ही कोई रिश्ता।
अब तो वो दोस्त भी नहीं है।
समवन से नो वन बन के भी जमाना हो गया।

उसकी हर अनवांटेड हरकतों के बावज़ूद,
वो हमें आज भी उतनी ही अच्छी लगती है।

आज भी याद है, उसका बचपन, उसकी बातें,
उसकी क्यूटनेस, उसका गुस्सा, उसकी हँसी,
उसका कुछ पलों का साथ और ना जाने क्या क्या।

पुरानी यादों में है नॉस्टैल्जिया, और नॉस्टैल्जिया में है बस वो।
बस इमोशनल नहीं हो पाता और ना ही कभी होना चाहता हूँ ।
'मूव-ऑन' जैसे शब्द बड़े भारी से लगते हैं।

देखो, क्या था ये तो नहीं पता, लेकिन कुछ तो था;
और जो कुछ भी था उसमे कुछ तो आज भी है।

इसीलिए,आज भी चाह कर भी, उसपर गुस्सा नहीं आता।

दुनिया की हर खूबसूरत लड़की से थोड़ी ज़ुदा,
खैर छोड़ो; इट्स टाइम टू से अलविदा 🖐
✍ जय❤

11. गरीब का राजमहल बन जाओ

सुनो ना! क्यों ना तुम मेरी ज़िंदगी की शान बन जाओ,
मेरे दिल में उतरो और, परमानेंट मेहमान बन जाओ।

रिश्ता ऐसा हो कि जिसमे, इमोशन्स ना हों 'बंदिशों' की,
बिना अटैचमेंट वाली मेरी, पहली और आखरी दास्तान बन जाओ।

तुम्हारी आँखों के तो हम इस कदर कायल हैं,
प्यार से देखो, जान ले लो हमारी, मेरी कातिलान बन जाओ।

वैसे तो कब्जा ना हो किसी का किसी पर,
फिर भी, घंटों गले लगो हमसे, और मेरी हक़-ए-इंसान बन जाओ।

अब ना, तुम मेरी बस थोड़ी सी जान बन जाओ। ❤

मेरी कविता बनो, फिर मेरी ज़िंदगी का हसीन पल बन जाओ,
सुनो ना! तुम मेरी नील कमल बन जाओ।

उस बनाने वाले की तो, तुम श्रेष्ठतम बनावट हो,
मेरी कलम से भी, एक खूबसूरत ग़ज़ल बन जाओ।

कभी मिलो किसी राह पर, और मेरी राह-ए-अमल बन जाओ,
मुझसे आख़िर में मिलो, और मेरी पहली-पहल बन जाओ।

इक तुम्हारी कमी से ही, हम ग़रीब बने बैठे हैं,
मिलो इस ग़रीब से, और इसका राजमहल बन जाओ ।
✍ जय❤

12. अजीब मोड़ पर खड़ी है मेरी कहानी

अजीब मोड़ पर खड़ी है मेरी कहानी,
एक पागल लड़की और हम,

कुछ भी नहीं है हमारे बीच, सच में कुछ भी नही,
ना वो मेरी दोस्त है और ना ही उससे कोई रिश्ता,
सम-वन से नो-वन बने भी जमाना हो गया।

फिर क्यों रहती है वो मेरे ख्यालों में?
क्यों उससे बातें करना इतना अच्छा लगता है?
क्यों उसके साथ बकवास करने में भी अजीब सा मजा आता है?
क्यों उसके एक जवाब के पीछे हम पागल बने फिरते हैं?
क्यों उसकी बातें इतनीं असर करती हैं हमपर?

कही ऐसा तो नहीं कि वो जान बुच के,
हमें पागल बनाने में लगी हुई है।

वरना ऐसा होता ही क्यों, कि हम बिना किसी वजह से,
उसकी तरफ ऐसे खींचे चले जाते।

या फिर कही उसने किसी से,
हमारी सुपारी तो नहीं ले ली,
जो जान लेने के बाद ही सुकून मिलेगा उसे।

हम तो बस हँसना चाहते हैं उसके साथ,
वो पास रहे या फिर दूर, उसको सोच कर मुस्कुराना चाहते हैं।

शरारतें करना चाहते हैं उसके साथ,
थोड़े इमोशन्स और ढेर सारी मस्तियों वाली शरारतें।

बस कुछ ऐसा हो ऐ ऊपर वाले,
की उसकी मैच्योरिटी थोड़ी कम हो,
और उसका बचपना वापस आ जाए।

वरना खुद के साथ तो छोड़ो,
वो हमें ऐसे भी नहीं जीने देगी।

सच में, बड़ी अजीब मोड़ पर खड़ी है अपनी ये कहाँनी।
✍ जय❤

13. चाँद की कल्पना

किसी ने कल यूँही कहा हमसे, कि;
चाँद को देख कर कल्पना करना आसान है,

फिर क्या था, उसकी बातों को सच माना,
और उसी रास्ते पर चल पड़ा।

रात उस चाँद को देखते देखते,
कल्पनाओं में खो सा गया,

अचानक देखा कि चाँद तो वहां है ही नहीं,
क्योंकि, उसकी जगह तो सूरज ने ले ली थी।

सुनो! कहीं ऐसा तो नहीं की,
हमने तुम्हारी बातें इतनी कर ली उससे,

की मेरी बातों से वो रात भर जला और
फिर ,सुबह तक सूरज बन गया।

खैर, अब कहीं जाके समझ आया,
चाँद भी गया और मेरी नींद भी।

बावजूद इसके;
आज की रात फिर से मेरी नींद,
उस चाँद को समर्पित।
✍ जय❤

14. चकोर वाला इश्क

चकोर वाला इश्क़ भी क्या इश्क़ है ना!
बस दूर से एक टक तकते रहना..

जैसे पहली बार देख रहा हो..
उसे इस कदर देखना,
जैसे वो बस तुम्हारी हो..

ये समझते हुए कि वो, कभी तुम्हारी न होगी..
ये जानते हुए भी ये दूरी कभी कम न होगी..

ऐसा लगता है मानो उससे,
आँखें मिलाने को तड़प रहा हो..

क्या लगता है?
क्या उसको इसका इल्म भी होगा कि,
चकोर उसे कितना पसंद करता है?

बेचारे को कोई उम्मीद नहीं है उससे..
फिर भी देखो;
उसके इश्क़ में एक ज़र्रे की भी कमी नहीं है..

अब इसको पागलपन कहो या कुछ और..
उसकी नज़र से देखो तो बस,
इसमें उसका इश्क़ दिखता है.

ना पाने की चाहत और ना खोने का डर..
है तो बस इश्क़..
✍ जय❤

.

15. इश्क़ का चाँद

सोचता हूं उतार लाऊं उस चाँद को इस जमीन पर,
मगर, आज भी उन तारों से हमें डर लगता है।

उसका क्या, वो तो तारों में भी संवरती होगी, लेकिन;
अपना तो अब जो भी है वो बद से बद्तर लगता है।

किसी ने खूब कहा कि चाँद कभी अपने ना हुए,
अब तो बस गमों का घर अपना घर लगता है।

पता होता तो इसमें डूब कर गहराई माप लेता था,
अब तो अकेले ही ये गमों का समंदर लगता है।

लगा हूं मैं भी समझने इस मोहब्बत को हकीकत को,
बिना मंज़िल के होता है शायद ये सफर लगता है।

भले ही इस जनम में उसको हम उतार ना लाए,
मिलेगी उस जनम में हमको अब ये मगर लगता है।

ये चाँद और तारों कि बातें भी कितनी अजीब बातें हैं,
रहूँ ख़्वाबों में, फिर भी जीता जागता पूरा शहर लगता है। ✍ जय❤

16. चमकता तारा

आज रात जब उस तारे को देख रहा था,
छत पर बैठा अपनी आँखें सेंक रहा था।

नहीं मिली है, नहीं मिलेगी इस जीवन में,
फिर भी हर पल उसके सपने देख रहा था।

दूर है वो कि, बस है दूर से तकते रहना,
नहीं सुनेगी यही सोच कर, कुछ ना कहना।

जाने कैसी होंगी उसके मन में बातें,
ऐसी वैसी बातें दिल पर लेख रहा था।

सोचा उससे बात करूँ, कुछ अपने मन की,
उसके जीवन की, थोड़ी अपने जीवन की।

अगर उतर आती तो, उससे पूछ भी लेता,
अपने दिल की हर ख़्वाहिश, उससे कह देता;

कह देता कि, तुम बिन जीवन ना है पूरा,
कह देता कि, तुम बिन हर एहसास अधूरा,

कह देता, कि तुम ही मेरी पगली राधा,
कह देता कि, तुम बिन लगता जीवन आधा,

कह देता कि, मिल जाओ तुम इस जीवन में,
कह देता कि, खिली कली तुम इस उपवन में,

कह देता कि, तुम बिन अब क्या है ये जीना,
कह देता कि, दर्द तुम्हारा कब तक पीना,

मगर पता था, पास नहीं वो अब आएगी,
इस जीवन में, ऐसे ही बस तड़पाएगी।

इस जीवन के सारे अरमाँ एक तरफ़ कर,
उस जीवन के अरमानों को, देख रहा था,
छत पर बैठा अपनी आँखें सेंक रहा था।

बहुत ठहर के, जाने क्यों फिर वो मुस्कायी,
उस तारे में एक अजीब सी, चमक थी आई।

लगता था कुछ कहने को मन डोल रहा था,
वो ना बोले फिर भी, मन कुछ बोल रहा था।

इक इशारा जो कहता था, कि तुम मेरे हो,
और चमक में, उसके नख़रे देख रहा था,
छत पर बैठा अपनी आँखें सेंक रहा था।।

✍ जय❤

17. हमको इश्क़ है तुमसे

माना कि कभी कभार तुम याद आती हो ऐ ज़िन्दगी,
मगर तुमसे किसने कह दिया कि हमको इश्क़ है तुमसे।

माना कि तुम्हे सोच के मुस्कुराना मेरी आफ़रीन आदत है,
माना कि तुमको देख लेना मेरी इक लौती इबादत है।

माना कि हँसना और रोना भी जुड़ा है बस तुम्हीं से ही,
अब, इसका मतलब ये तो ना हुआ कि हमको इश्क़ है तुमसे।

तुम्हारी याद में तड़पन की फितरत अरसे पुरानी है,
तुम्हारे बिन ही यूँ जीना हमारी अब कहानी है।

माना कि तुमको सोच कर दिल बोल उठता है,
फिर भी, कैसे मान लें मगर कि हमको इश्क़ है तुमसे।

कभी-कभी खुद भी लगता है कि कहीं ये इश्क़ ही ना हो,
डरते हैं कहीं हम हो ना जाएं यूंही फ़ना तुम पर।

सुनो, बस जान ले लो और मेरा छोड़ दो पीछा,
तुम बिन जियेंगे ही कैसे ये समझकर कि हमको इश्क़ है तुमसे।

माना कि कभी कभार तुम याद आती हो ऐ ज़िन्दगी,
मगर तुमसे किसने कह दिया कि हमको इश्क़ है तुमसे।
✍ जय❤

18. चाय - एक आदत की चाहत

आज अचानक से 'चाय' याद आ गई,

वो चाय जो मुझे बिल्कुल पसंद नहीं,
आज जाने क्यों उसपर भी लिखने को दिल करता है।

बहुत से लोगों को देखा है चाय से इश्क़ करते हुए।

चाय के बिना वो जी नहीं सकते,
मानो चाय उनके हर दिन की जरूरत है,
परेशान हों या खुश, बस चाय पी लेते हैं।

जी करता है कि कभी हमे भी चाहत हो जाए इस चाय से।
कभी हमे भी लोग चाय पीने वाला समझें।

क्योंकि सुना है कि; जो एक जैसी पीते हैं,
उनके बीच लगाव ज्यादा होता है,
वो एक दूसरे को शायद ज्यादा समझते हैं।

शायद, फिर मेरे करीबी मुझे पहले से ज्यादा समझने लगें।
शायद, मेरी चाय की चाहत से लोग मुझे चाहने लगें।

हो न हो, चाय ही हमसे इश्क़ की वजह बन जाए,
या शायद खुद चाय ही मेरी अगली आदत।

बस अब इक चाय मिल जाए।
बस इक चाय।
✍ जय❤

19. काश मैं बस एक चाय होता

कभी कभी सोचता हूँ कि
काश मैं बस एक चाय होता।

वो चाय जो तुम्हे बहुत पसंद है।
वो चाय जिसके लिए तुमने,
हर दिन के कुछ पल बांट रखे हैं।
वो जिसके बिना तुम ख़ुद को,
अधूरा महसूस करती हो।

सोचो तुमने एक चाय बनायी और,
उसमे कुछ है जो तुम्हें पसंद नहीं आया..
बिल्कुल वैसे ही जैसे तुम मुझे पसंद तो करती,
लेकिन मुझ में कुछ ना पसंद भी करती..

और जैसे फिर उस चाय में कुछ छोटे बदलाव करके,
अपने हिसाब का बना देती..
वैसे ही मुझ में भी कुछ इधर उधर करके,
ऐसा बना देती कि हम तुम्हें बस अच्छे लगने लगते..

काश हम तुम्हारे हाथों बनते और बिगड़ते,
लेकिन अंततः तुम्हें पसंद आते।

तुम हमे अपने हाथों से जकड़ लेती किसी कप की तरह,
और फिर धीरे से अपने होंठो को लगाती,
हौले हौले हमारे होने का एहसास करती,

हमारी तारीफ़ में 'वाह' जैसे कुछ शब्द और तुम्हारी वो चुस्कियां,
इतना सब कुछ होता अगर मैं बस एक चाय होता,

कभी-कभी सच में सोचता हूँ,
काश मैं बस एक चाय होता।
✍ जय❤

20. हक़ीकत से पन्ने चुराने का दिल कर रहा है

आज ख़्वाबों से नहीं,
हक़ीकत से पन्ने चुराने का दिल कर रहा है,
आज ना, तुम पर,
सिर्फ तुम पर लिखने का दिल कर रहा है।

क्या लिखूँ , शब्द ही कम पड़ रहे हैं,
बातें, बकवास, हँसी, वो मुस्कुराहट,
या फिर तुम्हारी वो जान ले लेने वाली शरारतें,
शुरूआत ही सबसे मुश्किल सा है।

पहले तुम्हारी हँसी पर लिखने का सोचता हूं,
और फिर ध्यान तुम्हारी मुस्कुराहट पर चला जाता है,

मुस्कान से ध्यान में आते हैं तुम्हारे वो होंठ,
जिनपर लिखना तो छोड़ो, उनको सोचने से ही,
मेरी धड़कनें तेज हो जाती हैं।

इन तेज धड़कनों के साथ भी,
उन होंठों को सोचना और, सोचते रहना अच्छा लग रहा है।

वो गेहुवें रंग के खुबसूरत चेहरे पर,
बिल्कुल अलग से रंगों में दिखते वो चमकते होंठ,
मानो आज मेरी जान लेकर ही मानेंगे।

सुनो, सोच तो और भी बहुत कुछ रहा हूँ,
लेकिन सब कुछ लिखने के चक्कर में,
हमें अपना ध्यान उन होंठों से हटाना होगा,
और सच पूछो तो ये इस वक्त हम बिल्कुल भी नही चाहते।

कभी-कभी सोचते हैं कि अगर सिर्फ उन होंठों को सोच कर,
मेरी कलम रुक रही है,
तो तुम्हे पूरा लिखने में तो कई किताबें भरनी पड़ जाएंगी।

बेहतर होगा उन होंठों को जीना।
सच में, लिखने से अच्छा है उन्हें जीना।

पता नहीं तुम्हे ये पसंद आए, ना आए,
फिर भी, इक दफा तो उन्हे जीना चाहते हैं हम।

ऐसे कि तुम्हारे साथ बिताए कुछ पल,
इस कदर दर्ज हो जाएं ज़ेहन में कि,
फिर कभी कुछ और लिखने की जरूरत ही न रहे।

✍ जय❤

21. लॉन्ग डिस्टेंस रिलेशनशिप (दूर का रिश्ता)

बड़ा मुश्किल होता होगा ना किसी से दूर रहना,
खासकर तब जब आप एक दूसरे को बहुत पसंद करते हैं।

यही सच्चाई है एक लॉन्ग डिस्टेंस रिलेशनशिप की।

विचित्र लगता है सोच के कि जाने कैसे,
लोग ऐसे रिश्ते में रहते हैं।

दूर से एक दूसरे से घंटों बातें करना,
दूर से एक दूसरे के साथ हँसना,
दूर से एक दूसरे को जीने की कोशिश करना,
और बिना छुए ही एक दूसरे को महसूस करते रहना।

अजीब है ना, लेकिन उतना ही सच भी।

कभी-कभी सोचते हैं की जब कोई दूर से,
इतना प्यारा लग सकता है,
तो सोचो पास होगा तो कितना प्यारा लगेगा।

पता है, तुम भी हमें बहुत पसंद हो,
माना कि दूर हो लेकिन दिल के उतने ही करीब भी हो।

जब ये हवाएं छूती हैं तो लगता है कि जैसे तुम हो।
खुद को दर्पण में देखते हैं तो लगता है तुम देख रहे हो।
तकिए को बाहों में रखते हैं तो लगता है तुम बाहों में हो।

होते होंगे लोग लॉन्ग डिस्टेंस रिलेशनशिप में,
मगर तुम तो मेरे बेहद नज़दीक हो।

सुनो ना, जब तक ना मिलो हमसे;
हमसे ऐसे ही मिलते रहना।

हर रोज। हर पल।
✍ जय❤

22. अच्छा लगता है

बार बार उसकी गली में जाना, अच्छा लगता है,
लोगों से यूँ बातें बनाना, अच्छा लगता है।

सुना है लोगों को डूबते, शराबों के नशे में,
हमें उसकी आँखों के नशे में डूब जाना, अच्छा लगता है।

बेवजह उसे सोच कर मुस्कुराना, अच्छा लगता है,
उसकी तस्वीर देख कर उससे नजरें चुराना, अच्छा लगता है।

बड़ी अजीब सी कशिश है, इस एहसास-ए-मोहब्बत में,
इश्क़ में उसपर फनाः हो जाना, अच्छा लगता है।

सारी रात उसकी याद में जाग जाना, अच्छा लगता है,
उसके साथ के सपने सजाना, अच्छा लगता है।

होती होंगी लोगों की, हजार दुआएं,
हमें तो फकत उसे ही मांगते जाना, अच्छा लगता है।

यूँ तो लाख मिले तुझको, तेरे सफर में 'जय',
तुझे उसके साथ का ये इक सफरनामा, अच्छा लगता है।

सुनो! कोई बता दो उसे, कि वो मेरी पहली पसंद नही,
मगर, उसको मेरी 'आखिरी', कहना-बुलाना अच्छा लगता है।
✍ जय❤

23. छोटी बच्ची हो क्या

कहती हो दीवानी खुद को, क्यूट भी हो बहोत..
उम्र तो बढ़ गई है लेकिन, दिल से अब तक कच्ची हो क्या?

चेहरे पर है भोलापन, और बातों में हैं शरारतें..
माना की झूठ की आदत नहीं, पर इतनी भी सच्ची हो क्या?

हर पल उस ऊपर वाले की सुध में, बेसुध खोए रहना..
पागलपन की आदत तो है ये, पर इतनी भी अच्छी हो क्या?

सुनो! मासूमियत तो बहोत है तुम में अब तक..
सच बताओ, अभी तक 'छोटी बच्ची हो क्या?' 😉 😊
✍ जय❤

24. मुश्किल है तुम पर यूँ लिखना

देखो! बड़ा मुश्किल है तुम पर यूँ लिखना..

कभी रंगों का त्योहार हो तो कभी चाकू की धार..
कभी ढेर सारा गुस्सा तो कभी ढेर सारा प्यार..

दूर से कभी हमको चूमती तुम, कभी तुमको चूमते हम..
फिर कभी गालियों की गूंज, कभी थप्पड़ों की मार..

तुम कमाल तो हो, मगर आसान तो नहीं..
सुनो! लड़ती बहोत हो, कहीं लड़ाकू विमान तो नहीं 😉😊

वो जो अच्छी हो और थोड़ी प्यारी जो हो..
शायद इसलिए क्योंकि घर की बचपन से दुलारी जो हो..

अब जो भी हो, मज़ा तो है वैसे ही रहने में..
भले ही हमें मुश्किलें होती रहें, तुम पर कुछ लिखने या कहने में।
✍ जय❤

25. कल ही तो मुलाकात हुई थी

सालों पहले जब उससे पहली बार बात हुई थी,
ऐसा लगा जैसे कल ही तो मुलाकात हुई थी।

बातें उसकी जैसे किसी हसीन रात का साया,
लगा जैसे कि अभी कल ही तो ये रात हुई थी।

आँखों में नशा, होठों पर मुस्कुराहट,
हँसी उसकी जैसे पहली बारिश का पानी,

इस बारिश-ए-खास में भी डूब जाता था लेकिन,
दिल ने कहा, अभी कल ही तो ये बरसात हुए थी।

✍ जय❤

26. आख़िर, नशा बन ही गए ना तुम

पसंद से बनती है आदत,
आदत से बनती है जरूरत,
जरूरत से बनता है नशा,
और नशे से बनते हो तुम।

तुमसे बातें करना हमें पसंद था,
क्योंकि तुम्हारी बातें पसंद थी।

लगातार बातें करते करते ना जाने कब,
तुम मेरी आदत बन गए।

आदत बनते बनते जाने कब,
तुम मेरी जरूरत बन गए।

और अब थोड़ी देर के लिए तुम्हें ना सोचूँ,
तो जीना मुश्किल हो जाता है।

आख़िर, नशा बन ही गए ना तुम।
✍ जय❤

27. नज़रिया

किसी की कमियाँ किसे पसंद हैं?
शायद किसी को भी नहीं।

फिर ऐसा क्यों होता है कि,
हम जब किसी चीज को या किसी इंसान को पसंद करते हैं,
तो उनकी कमियों को नजर अंदाज करते हैं,
या फिर उनकी कमियों के साथ ही,
उनको पसंद करते हैं।

आख़िर क्यों?

शायद इसलिए क्योंकि,
पसंद से कमियाँ तो कम नहीं होती,
वोही रहती हैं,
लेकिन इंसान का दूसरे इंसान को देखने का,
नज़रिया बदल जाता है।

और तब वो इंसान या वो चीज,
हमें कैसे भी अच्छी लगने लगती है।

तो मतलब साफ है,
दूसरों में कमियाँ मत देखो..
दूसरों की कमियों से उनका आँकलन मत करो..
बल्कि, खुद का देखने का नज़रिया बदलो।

फिर देखना,
ये दुनियाँ और खूबसूरत लगने लगेगी।

इस दुनियाँ के हर इंसान,
और हर चीज को पसंद भी करने लगोगे।

ना यकीन हो, तो कोशिश करके देख लो।

Perception Changes Everything
✍ जय❤

28. इंतज़ार कैसा होता है

इंतज़ार कैसा होता है, कोई हमसे पूछे,
बिना ये जाने कि वो कब लौटेगी, या फिर लौटेगी भी या नहीं,

बस इसी उम्मीद में कि, वो आयेगी और पूरी आयेगी,
सिर्फ इसलिए क्योंकि जानते हैं, की वो झूठ नही कहती,
और बात बात में कभी उसने कहा था कि, वो हमें दोस्त से ज्यादा
समझती है।

तो जी हाँ, इंतज़ार कर रहे हैं हम, सिर्फ उसका ही नहीं,
उसकी बातों का, उसकी हँसी का,
उसकी शरारतों का, उसके नखरों का,
उसकी खामोशी में गूंजती उस आवाज का,
और हाँ, उसकी उस मुस्कान का जिसपर हम कायल हैं।

माना थोड़ी पागल है, डरपोक है, बेवकूफ है,
लेकिन उतनी ही समझदार भी तो है।

अब तो हमें वो क्यूट, हॉट और सेक्सी भी लगने लगी है।

उसकी आँखें, उसके होंठ, उसके गाल या फिर उसके बाल,
कुछ भी ऐसा नहीं है जिसपर आसानी से कुछ लिखा जा सके।

बस इतना कि देखने वाला अगर कायल ना हुआ,
तो समझो उसकी आँखें ही खराब हैं।

और हमें पूरा भरोसा है कि, वो जल्दी ही वापस भी आयेगी,
और अगर ज्यादा वक्त लिया तो हम खुद,
दरवाजा खटखटाने चल निकलेंगे।

क्योंकि, पता है कि उसके इस एहसास से खुद को,
ज्यादा दिनों तक दूर नहीं रख सकेंगे।

वैसे, इस इंतज़ार में भी एक अजीब सी खुशी है।

शायद इस बात की, कि अगर अबकी वो आयेगी,
तो शायद फिर ना जाने के लिए।

शायद, अब सारी कॉम्प्लिकेशंस खत्म हो जायेंगी।
शायद, अब हम एक दूसरे के साथ खुल के हँस सकेंगे।

शायद, अब वो हमें घंटों गले से भी लगा ले।
शायद, अब हम बिना किसी अटैचमेंट के साथ भी,
एक दूसरे के बेहद करीब हो जाएं।

और शायद अब ये रिश्ता, लंबी दूरी तय करने लायक बना जाए।

ख़्वाबों में देखते हैं एक ऐसा रिश्ता,
जिसमे जब अपने 80s में वो पागल लड़की,
थोड़ी बूढ़ी हो जाए तब भी,

हम उसको मिल कर उसको पीट सकें, उसे गले लगा सकें,
उसको प्यार कर सकें और साथ खूब हँस सकें।

और अगर इतना सब ना भी हो सके,

तो कम से कम हम हमेशा अच्छे दोस्त तो हैं ही,
और आगे भी रहेंगे ही।
✍ जय❤

29. तुमको देखा तो ये जाना ,की प्यार भी कुछ है (गज़ल)

तुमको देखा तो ये जाना, कि प्यार भी कुछ है,
इससे पहले था ना जाना - २,
कि प्यार भी कुछ है।
तुमको देखा तो ये जाना, कि प्यार भी कुछ है।

इन बहारों की तरह,, तुम भी आते थे कभी,
याद आते थे बहुत, भूल जाते थे कभी,
तुमसे मिलकर हमने जाना, बहार भी कुछ है।

इससे पहले था ना जाना -२,
कि प्यार भी कुछ है।
तुमको देखा तो ये जाना ,कि प्यार भी कुछ है।

तुम रुलाते ना कभी, तुम हँसाते थे बहुत,
मैं भी रूठा जो कभी, तुम मनाते थे बहुत,
मैंने माना ऐ दिल, कि यार भी कुछ है।

इससे पहले था ना जाना -२ ,
कि प्यार भी कुछ है।

तुमको देखा तो ये जाना, कि प्यार भी कुछ है।

जब भी मैं तन्हा रहा, थामा तुमने दामन,
संग जियें साथ मरें, खायी थी तुमने क़सम,
दिल में उतरी तो ये जाना, श्रृंगार भी कुछ है।

इससे पहले था ना जाना -२ ,
कि प्यार भी कुछ है।
तुमको देखा तो ये जाना, कि प्यार भी कुछ है।

किसको हम अपना कहें, अब तो तुम ना मेरी सनम,
चाहेंगे फिर भी तुझे, तेरी चाहत की क़सम,
तुझसे बिछड़ा तो ये जाना, ऐतबार भी कुछ है।
जिसको मानें ना ये दुनिया, वो प्यार भी कुछ है।

इससे पहले था ना जाना -२
कि प्यार भी कुछ है।
तुमको देखा तो ये जाना, कि प्यार भी कुछ है।
✍ जय❤

30. ये महाल बदला है

कब समझेगा ये दिल, कि ये महाल बदला है,
उस बेवकूफ सी लड़की का, पूरा दिल-ए-हाल बदला है।

आंखों की खूबसूरती देखूं, या होठों की चमकती मुस्कुराहट,
जो भी देखूँ तो लगे कि, उसका सारा हुस्न-ओ-जमाल बदला है।

इस बदले हुए मंजर में भी, वो उतनी ही हसीन लगती है,
कुछ भी बेवकूफियां करे, लेकिन नाज़नीन लगती है।

उससे बातें करूँ तो, ज़िन्दगी बस बीत जाती है,
बड़ी खूबसूरत है वो, मगर; नज़र का हर चाल बदला है।

बड़ी मासूम है वो, मगर; बड़ी बकवास करती है,
जो छोड़ दो तो रात को दिन, और दिन को रात करती है।

उसको प्यार से देखने की, अब कभी हिम्मत नही होती,
जानता हूं; मेरे जवाबों का, हर सवाल बदला है।

कब समझेगा ये दिल, कि ये महाल बदला है,
उस बेवकूफ सी लड़की का, पूरा दिल-ए-हाल बदला है। ✍ जय❤

31. इंसा को पढ़ने का हुनर सीखना है

अजीब सा ताना दिया आज उस ऊपर वाले ने भी,
कि अब; इंसा को पढ़ने का हुनर, सीखना है,

अब तो चलते-चलते हम इतनी दूर निकल ही आए,
आगे कितने मुश्किलों भरी होगी ये डगर, सीखना है।

चलो माना कि आँखों में उसके गज़ब का नशा होगा,
नशे में डूब के निकल जाने तक का सफर, सीखना है।

बस उसकी आँखों में देखूँ और उसको पूरा पढ़ सकूँ,
कसम से हमें ये हुनर अब इस कदर, सीखना है।

✍ जय❤

32. संक्रांति और मेरी पतंग

इस बार संक्रांति पर पतंगे नहीं,
मांझे से दिल बांध कर उड़ाने का इरादा है।

इस बात की फ़िक्र किए बिना, कि
अगर मांझा कट गया तो क्या होगा।

क्या होगा अगर दिल किसी भी अंजान छत पर जा गिरेगा।

गिर के टूट जाएगा??
या कोई और इसे अपने मांझे में बाँध कर और दूर ले जाएगा।

लोगों की फितरत भी दिल को पतंग समझने जैसी ही है।
हाथ में आया नहीं की उड़ा कर दूर तक ले जाओ,
और फिर पेंच लड़ाकर काट दो,

और फिर जाने दो उस दिल को,
किसी और की छत पर गिरने के लिए।

कोई ऐसा नहीं है जो दिल को संभाल के रख सके।

लेकिन बेचारा दिल है,
जो हर उड़ान के साथ यही उम्मीद रखता है,
कि अब उड़ाने वाले इसका साथ नहीं छोड़ेगा।

खैर, पतंग तो आखिर पतंग ही है ना
और दिल तो है दिल।

फिर भी, इस बार संक्रांति पर पतंगे नहीं,
मांझे से दिल बांध कर ही उड़ाने का इरादा है।
✍ जय❤

33. उसका शहर

अब उस शहर में तभी कभी जाना होगा,
जब किसी पागल का फिर से बुलाना होगा।

सारी दुनिया कहीं खो सी हो जायेगी तब,
बस, वो इक दीवानी होगी, ये इक दीवाना होगा।

मिलेंगे तो देखेंगे उसकी बेफिक्र अदाओं को,
कहने-सुनने को अपने दिल का फसाना होगा।

उसकी मुसकुराहट और हँसी में यूँही खोए रहेंगे,
उसकी बाहों में तब, अपना सारा ज़माना होगा।

सुनो! कोई खबर कर दो उस खूबसूरत चाँद को,
वो चाहेगी तभी इस सितारे का आना जाना होगा।

✍ जय❤

34. वो हमारे थे, कभी हमने उन्हें चाहा था(गज़ल)

वो हमारे थे, कभी हमने उन्हें चाहा था-२
सबकी नज़रों से बचा कर, उन्हें सराहा था-२
वो हमारे थे, कभी हमने उन्हें चाहा था।

रात भर सोये नहीं, जागे-जागे रहते थे,
अपनी दुनियाँ से ही हम भागे-भागे रहते थे,
कभी हमने भी, उनको हमसफ़र बनाया था।

सबकी नज़रों से बचा कर उन्हें सराहा था-२
वो हमारे थे, कभी हमने उन्हें चाहा था।

हमने सोचा था कभी, कि वो मेरे हमदम हैं,
सब भले हैं तो फिर, हम कहाँ कम हैं,
अपने जीवन में हमने उनका प्यार पाया था।

सबकी नज़रों से बचा कर उन्हें सराहा था-२
वो हमारे थे, कभी हमने उन्हें चाहा था।

कुछ कदम साथ चले, ख़ुद ही डगमगाने लगे,
मेरी नज़रों से अब वे नज़रें ख़ुद चुराने लगे,
वो ही तो हैं, जिन्होंने मेरा दिल दुखाया था।

सबकी नज़रों से बचा कर उन्हें सराहा था -२
वो हमारे थे, कभी हमने उन्हें चाह था। -२
✍ जय❤

35. कशिश अब तक बाकी है

जाओ बता दो आज उस बनाने वाले से भी,
तुमको हमें ना दिया,
इस बात कि, ख़लिश अब तक बाकी है।

सच है कि कभी कभार, तुम बेहद करीब होती हो,
मगर; तुमसे हर रोज वाली, रविश अब तक बाकी है।

चलो माना कि तुम, अब सिर्फ मेरी हो, फिर भी;
तुम्हारे साथ जल कर पिघलने की, तपिश अब तक बाकी है।

ख़्वाहिशें तो अमूमन, सब पूरी हो गई हैं तुमसे,
इक तुम्हें जी भर के जीने की, कशिश अब तक बाकी है।
✍ जय❤

36. वो बेवफ़ा नहीं है

माना कि उसको सोच के हम होश खोते है,
ये मेरा इश्क़ है उससे, उसका नशा नहीं है।

कौन कहता है उसने हमें भुला दिया होगा,
अरे, बस दूर है वो हमसे, कोई बेवफ़ा नहीं है।

गर उससे मिलो तो बड़ी अख़लाक से मिलना,
मेरी इबादत है वो, कुछ पलों का फ़लसफ़ा नहीं है।

रास्तों के बदल जाने से मंज़िलें नहीं बदला करती,
हर रास्ते की मंज़िल है वो, बस इक कारवां नहीं है।

अच्छा सुनो, कहीं मिल जाए तो उससे कहना,
इश्क़ तो बेइंतेहा है उससे, मगर अब इंतेजा नहीं है।

उससे इश्क़ की गहराई को बस ऐसे समझो,
हर दुआ में शामिल है वो, बस उसकी इल्तिज़ा नहीं है।

अरे, बस दूर है वो हमसे, कोई बेवफ़ा नहीं है।
✍ जय❤

37. ख़ुश रहने की वजह ढूँढता हूँ

कुछ है जो मैं पागलों की तरह ढूँढता हूँ,
शायद ख़ुश रहने की वजह ढूँढता हूँ।

उनके वापस आने की तो, उम्मीद ही नहीं की हमने,
बस उनकी यादों में ही अब खुद को, हर पहर ढूँढता हूँ।

वो हँसी, वो बेबाकियां, वो बकवास कर लेना,
नजरें किधर भी देखें मेरी, हर नज़र ढूँढता हूँ।

वो जो कहते हैं कि तुम हमे ढूँढो, और हम तुम्हें ढूँढें,
कोई बता दे जाके कि, उनको अपनी साँसे-सफर ढूँढता हूँ।

वो भला अब हमें क्यों ढूँढने लगे,
जिनके इश्क़ में अब बस ज़हर ढूँढता हूँ।

शायद, अगले जनम में ही होंगे वो मेरे,
इस जनम में फिर भी उनको मगर ढूँढता हूँ।

यूँ तो दिल धड़कता है हर पल हमारा,
फिर भी जाने क्यों 'जान-ए-जिगर' ढूँढता हूँ। ✍ जय❤

38. ऐसा नहीं की एक अरसा हुआ है तुमको सोच के

ऐसा नहीं कि एक अरसा हुआ है तुमको सोच के,
मगर कैसे कहें कि, हर पल हर पहर सोचते हैं।

दिल करता है ख़ैरियत पूछ लें तुम्हारी, उन बेख़ौफ़ रातों से,
जानते हुए कि कम्बख़्त वो भी तुम्हें, हर नज़र सोचते हैं।

वो वादे, वो बातें, वो अगले जनम की कसमें,
यक़ीं है किस्से थे, फिर भी उन्हें अक्सर सोचते हैं।

और जो छोड़ के ना जाने की, तुमने की थी गुज़ारिश,
तुम छोड़ गई, और हम आज भी, बेख़बर सोचते हैं।

ऐसा नहीं कि, तुम नहीं थी मेरी क़िस्मत में,
अधूरी रह गई क़िस्मत हमारी किधर, सोचते हैं।

हँसी को सोच के साँसें, हँसी को सोच के ज़िंदा,
कशिश जो बच गई थी जीने की बाकी, वो मगर सोचते हैं।

बड़े मासूम थे किस्से, जिन्हें हम प्यार कहते थे,
भरोसा उठ गया उस प्यार से, बेहतर सोचते हैं।

सुनो! अब लौट कर आना तो आना पूरी वापिस फिर,
अधूरी ज़िंदगी से डर गया है ये सफ़र, सोचते हैं।
✍ जय❤

39. उचाईयाँ चढ़ने को दिल करता है

आज ज़मीनों से उठकर उचाईयाँ चढ़ने को दिल करता है,
इश्क़ में उसको सोच कर, फिर से सँवरने को दिल करता है।

माना हज़ार काँटें होंगें इम्तेहान-ए-इश्क़ की इस चढ़ाई में,
जाने क्यों उन्हीं काँटों पर, पैदल चलने को दिल करता है।

समझ नहीं आता कि, कहां जाएगा अब ये नसीब मेरा,
ज़िन्दगी से ही इश्क़ और ज़िन्दगी पर, टूट के बिखरने करने को दिल करता है।

चलो माना कि शहादत-ए-इश्क़ ही, नसीब होगी मेरे हिस्से में,
फिर भी, उसके हर ज़र्रे से, इश्क़ कर गुजरने को दिल करता है।

बड़ी बेदर्द होंगी रातें ये, जब हम नहीं होंगे,
पुकारेंगे हमें वो इश्क़ में, पर हम नहीं होंगे,
आदतन वो ये ना समझें कि हम फिर लौट आएंगे,
क्योंकि, अबकी जाके फिर कभी न पलटने को दिल करता है।

बड़ी लड़ाइयाँ लड़ी तो हम आज यहां तक हैं पहुंचे,
अब तो बस बिना लड़े ही आगे बढ़ने को दिल करता है।

बड़ी मकम्मल सी लगने लगी है ज़िन्दगी से अब ये लड़ाई अपनी,
बहुत जी लिए यूँ इस कदर, अब ज़रा मरने को दिल करता है।

आज ज़मीनों से उठकर उचाईयाँ चढ़ने को दिल करता है,
इश्क़ में उसको सोच कर फिर से सँवरने को दिल करता है।
✍ जय❤

40. बहुत कुछ याद आता है

बड़ी ख़ास है ये रात, कि बहुत कुछ याद आता है,
जो भूलता हूँ खामोशी तो, चहकना याद आता है।

इन कुछ दिनों में जिये हैं, ज़िन्दगी ने जाने कितने पल,
ज़िन्दगी का पलों में यूँ गुज़रना, याद आता है।

इस इश्क़ में बीते हुए उस हर इक ज़र्रे से,
तुम्हारे इश्क़ में गिरना संभलना, याद आता है।

तुम्हारी बकवास बातें, ढेर सारी बेवजह बक-बक,
तुम्हारे हर बात का कह कर निकलना, याद आता है।

ना जाने कितने किस्से हैं, ना जाने कितनी बातें है,
ना जाने कितने लमहों का, मचलना याद आता है।

मोहब्बत दिल में रख के वक्त लेना, और फिर कहना,
जज़्बातों का बताना, और छुपाना याद आता है।

तुम्हारा पास होना, पास होके दूर यूँ जाना,
तुम्हारा दूर जाके पास आना, याद आता है।

हमारा रोज़ लड़ना, प्यार करना और फ़ना होना,
तुम्हें बस सोच के हर पल सँवरना, याद आता है।

पता है! ज़िन्दगी जीना तुम्हारे बिन नहीं आसाँ,
तुम्हारी इक कमी को हर पल तड़पना, याद आता है।

शुक्र है उस दुआ का जिसमे तुम मिली हमको,
मेरी अब हर दुआ बस तुमको माँगे, याद आता है।

किए थे ढेर सारे जो मोहब्बत के हसीं वादे,
'निभाना है' जो वादा था, वही इक याद आता है।

सुनो अब लौट आओ ज़िन्दगी में, ज़िंदगी बन के,
तुम्हारे बिन नहीं जीना, यही अब याद आता है।

बड़ी ख़ास है ये रात, कि बहुत कुछ याद आता है,
जो भूलता हूँ खामोशी तो, चहकना याद आता है।

✍ जय❤

41. फिर से तुम पर लिखने का मन कर रहा है

आज बहोत दिनों बाद,
फिर से तुम पर लिखने का मन कर रहा है।

जिस मोड़ पर आके हम खड़े हैं, मुश्किल है कुछ लिख पाना,
फिर भी।

मुश्किल है ये बयाँ करना कि, तुम मेरी क्या हो,
मुश्किल है ये बताना कि, हमारा रिश्ता क्या है,

मुश्किल है इस बात को समझना,
कि वो क्या था हमारे बीच, जो सारी दुनियां से परे था।

साथ ही मुश्किल है, हमारे उन एहसासों को खारिज़ करना।

हाँ; मुश्किल है यार, तुम्हे वैसे ही फिर से ना सोचना।
हाँ; मुश्किल है, तुम्हे हर पल याद करने से खुद को रोकना|

हाँ; मुश्किल है, तुम्हारी यादों में ना खोना,
सच में बहोत मुश्किल है, तुम्हारा ना होना।

तो बताओ,
क्या लिखूँ? कैसे लिखूँ?

लिख दूँ कि मैंने वो खोया, जो मेरा कभी था ही नहीं,
या कि ये लिखूँ कि, तुमने वो खोया जो बस तुम्हारा था।

लिख दूँ कि तुम्हें बाँधना नहीं, तुम्हे जीना चाहता हूं?
लिख दूँ कि तुम्हारे साथ, सारी ज़िंदगी हँसनाा चाहता हूं?

या फिर ये लिखूँ कि आज भी, हर पल तुम्हारी जरूरत है?
या ये कि आज भी, तुम्हे सोचना मेरी सबसे बड़ी इबादत है?

या फिर ये कि, जानते हुए कि हम दोनो की दुनिया अलग हैं,
फिर भी, तुम्हे जीने की ख़्वाहिश पाल रखी है हमने!

सच में मुश्किल है दोस्त,तुम पर अब कुछ भी लिख पाना।

फिर भी, बड़े दिनों बाद,
तुम पर कुछ लिखने का मन कर रहा है।
✍ जय❤

42. बेचारा नौसिखिया, जीना सीख रहा है

उसकी हिम्मत बनने की बात करके,
वो उसकी कमजोरी बन गई है।
बेचारा नौसिखिया, जीना सीख रहा है।

कहता है कि उसको सोचते ही,
बस मुस्कुरा देता हूं,
पर अक्सर उसके ख़्यालों में,
आँखें नम कर लेता है।

जिसने कभी छोड़ के ना जाने की,
ख़्वाहिशें पाल रखी थी,
वो तो उसको ऐसे छोड़ गई,
मानो कभी मिली ही ना हो।

और एक ये है, जो आज भी उसको सोच के,
मुस्कुराने की बात करता है।

कहते हैं कि हर जाने वाले की,
अपनी वजह होती है,
कोई सच या कोई कहानी।

शायद उसके पास भी बेशक,
कोई वजह रही होगी।

वैसे भी, ये बस इश्क़ नहीं,
एक किस्म का पागलपन है।

एक नशा जो चढ़ने के बाद,
उतरने का नाम नहीं लेता।

और यकीनन ऐसा नशा,
जो हर कोई चढ़ा भी नहीं सकता।

जब भी समझाने की कोशिश करता हूं इसको,
कि भूल जाए उसको,
ये कम्बख़्त है कि बस,
अजीब सा मुस्कुरा सा देता है।

सही है, बेचारा नौसिखिया ही है।
अब भी जीना ही सीख रहा है।
✍ जय❤

43. कुछ अनकहा है तो अच्छा है

कुछ अनकहा है तो अच्छा है,
कुछ अनसुना है तो अच्छा है,
सब कह देते, सब सुन लेते,
फिर कहती वो कि जाना है,

कहने सुनने की भगदड़ से,
उसकी आराइश बची रहे,
उसके जाने से तो अच्छा है।

कुछ अनकहा है तो अच्छा है।

सब कहते हैं कि बात करो,
लड़ती है तो फिर तुम भी लड़ो,
मैं कहता हूँ कि रहने दो,
जैसे बहती है बहने दो,

लड़ने की ख़्वाहिश बची रहे,
ज़ोरो-आज़माइश बची रहे,
उसके जाने से तो अच्छा है।

कुछ अनकहा है तो अच्छा है।

टूटे हैं रिश्ते और नाते,
ना अब निभते, ना निभ पाते,
ना जुड़ना है ना पाना है,
ना उसका फिर से आना है,

जुड़ने की ख़्वाहिश बची रहे,
थोड़ी गुंज़ाइश बची रहे,
उसके जाने से तो अच्छा है।
कुछ अनकहा है तो अच्छा है।

वो होती फिर भी ना होती,
गर गाँठें सारी खुल जाती,
मैं जी के भी फिर क्या जीता,
गर हम में ख़ुद को सुलझाती,
मानो कि सब कुछ ठीक हुआ,
फिर कहती वो कि जाना है,

उसकी नफ़रत, उसका गुस्सा,
दर्द-ए-पैमाईश बची रहे,
उसके जाने से तो अच्छा है।

कुछ अनकहा है तो अच्छा है।
कुछ अनसुना है तो अच्छा है।
✍ जय❤

44. तुमको जीना ही नहीं चाहती

इक "दुआ" है कि तुमसे शुरू होकर,
तुम पर ही ख़त्म होती है ऐ ज़िन्दगी,
और इक "इल्तिज़ा" है कम्बख़्त,
जो तुमको जीना ही नहीं चाहती।

इक "इश्क़" है जो तुमसे है,
और बस तुमसे ही बंधा है,
और इक अधूरी "प्यास" है कम्बख़्त,
जो तुमको पीना ही नहीं चाहती ।

इक "दर्द" है कि तुम हो,
मगर; तुम बिल्कुल भी नहीं हो,
और इक "खौफ" है जुदाई का कम्बख़्त,
जो तुमसे जुड़ना ही नहीं चाहती।

इक "दवा" है कि तुम्हारी हँसी,
और तुम्हारी बेवजह बातें,
और इक "मर्ज-ए-इश्क़" है कम्बख़्त,
जो अब तुमको लेना ही नहीं चाहती।

इक "नशा" है कि बस तुम्हारा है,
और कभी उतरेगा ही नहीं,
और इक मेरी "मदहोशी" है कम्बख़्त,
जो इस नशे में डूबना ही नहीं चाहती।

इक "हम" हैं कि तलाशते हैं,
"हम" में, बेवजह "तुम" को,
और इक "तुम" हो कम्बख़्त,
जो हमको मिलना ही नहीं चाहती।

इक "झूठ" है कि जी लेंगे ज़िन्दगी,
बिन तुम्हारे ऐ "ज़िन्दगी",
इक मेरी "सच्चाई" है कम्बख़्त,
जो खुद को कहना ही नहीं चाहती।

इक "दुआ" है कि तुमसे शुरू होकर,
तुम पर ही ख़त्म होती है ऐ ज़िन्दगी,
और इक "इल्तिज़ा" है कम्बख़्त,
जो तुमको जीना ही नहीं चाहती ।

✍ जय❤

45. अगर मैं नहीं रहा तो

कभी-कभी सोचता हूँ,
अगर मैं नहीं रहा तो?
क्या होगा मेरे जाने के बाद?
हमें याद करोगी?

उन पलों को,
जो हमने साथ जिये,
क्या उन्हे याद करके तुम वैसे ही मुस्कुराओगी?
नहीं, मैं इस रिश्ते की नहीं,
इस जीवन की बात कर रहा हूं।

अगर मैं आसमान पर फैले उन सितारों में खो जाऊँ,
तो क्या तुम मुझे ऊपर देखते हुए ढूँढोगी?

या जाने के बाद अगर मैं कोई पहाड़ या टीला बन जाऊँ,
तो क्या तुम मेरे पास मुझसे मिलने,
मुझे वैसे ही महसूस करने आओगी?

या आओगी उस नदी के किनारे,
जहां मैं नदी की असंख्य बूंदों में,
किसी एक बूंद की तरह बहता रहूंगा?

मानो अगर मैं एक बीज बन गया,
तो क्या तुम उन खेतों, बागीचों में आओगी,
हमें ढूँढने और हमारा आलिंगन करने,
जिसमे हम अनेक पौधों और पेड़ों के बीच,
कहीं खड़े या लहलहा रहे होंगे?

या फिर बस कहीं बैठ कर,
हमें सोच कर यूँही मुस्कुरा दिया करोगी?

बताओ!
क्या तुम्हे तब भी हमारी दोस्ती याद आयेगी?
क्या तुम तब भी,
हमें और हमारी बातों को सोच के,
हमें 'पागल' बुलाओगी?

क्या तुम्हे तब भी याद आएंगी,
हमारे बीच की वो नज़दीकयाँ,
वो पागलपन,
हमारा अल्हड़पन,
हमारी मस्तियाँ,
वो खामोशियाँ,
और हमारी बातें?

हाँ वही, वही बातें,
वही हमारी ज़िन्दगी भर की दोस्ती की कसमें,
और हमारे वो वादे,
जो तुम निभाना नहीं चाहती थी,
और हम चाह के भी निभा नहीं सके।

अगर इन सारे सवालों के जवाब में,
तुम्हारा 'हम्मम' छुपा होगा,
तो मेरी हर बात की तरह,
ये बात भी मान लेना,
कि तुमसे दूर होते हुए भी,
हम हर पल तुम्हारे पास ही होंगे।

उन हवाओं में जो तुम्हे छुएंगी,
उन बारिशों में जो तुम पर गिरेंगी,
उन सूर्य की किरणों में जो तुम पर पड़ेंगी,
और उन रंगों में जो तुम्हारी आंखें देख सकेंगी।

हर पल। हमेशा।

✍ जय❤

46. जाओ, तुम्हें आज़ाद किया

जाओ, तुम्हें आज़ाद किया।

उन बंधनों से, जो हममें कभी थे ही नहीं,
उन रिश्तों से, जो तुमने कभी समझा ही नहीं,
उन एहसासों से, जो तुम्हें कभी हुआ ही नहीं,
उन नज़दीकियों से, जो तुमने कभी जिया ही नहीं,
और उन वादों से, जो तुमने कभी निभाया ही नहीं।
जाओ, तुम्हे आज़ाद किया।

आज़ाद किया तुम्हें, तुम्हारे हर उस पागलपन से,
जो कभी सिर्फ हमारी हुआ करती थी।

आज़ाद किया उन मिन्नतों से,
जो हम तुमसे तुम्हे जीने के लिए किया करते थे।

आज़ाद किया हर उस हँसी से, जिनको देख के हम जिया करते थे।

आज़ाद किया हर उन हरकतों से, जो मेरे खुश रहने की वजह थी।
जाओ, तुम्हें आज़ाद किया।

लेकिन आज भी तुम मेरी हर याद में हो,
हर उम्मीद में हो,
हर ख़्वाहिश में हो,
हर साँस में हो,
और मेरी हर दुआओं में हो।

क्योंकि, आज़ाद
तो बस तुम्हें किया है, खुद से;
हम खुद को तुमसे तो, कभी आज़ाद कर ही नहीं सके, मेरे दोस्त।

तो बस अब जाओ।
जाओ, तुम्हे आज़ाद किया।
✍ जय❤

47. उन आँखों की मस्ती

48. उसकी आँखें

सुनो!
ये बस आँखें ही हैं न?

फिर इनमें इतनी कशिश क्यों है,
कि इनको देखा ही ना जा सके।
ऐसा लगता है मानो इक अजीब किस्म का नशा हो।

इक तरफ इनको हर पल देखते रहने की चाहत,
तो दूसरी तरफ इनके नशे से,
खुद को बचाने की जद्दोजहद।

बड़ा मुश्किल होता होगा इनमें देखते रहना शायद।

उनसे बातें तो हम घंटों भी कर सकते हैं,
बस उनकी आँखों में देखते रहने की आदत नहीं पड़ी।

वैसे तो बड़ी मानूस सी लगती हैं ये आँखें,
मानो इनसे अपना कोई पुराना मरासिम हो।

इंतज़ार है उन लम्हों का जब बिना डरे,
उन आँखों में जी भर के देख सकें।

बस आँखें!
अरे नहीं, बिकुल नहीं।
✍ जय ❤

49. आँखों का नशा

आज बड़े दिन बाद उसकी आँखों में देखा,
कसम से एक अजीब सा नशा था।

लगा जैसे इस नशे को उतारने में,
मेरी सारी ज़िन्दगी न निकल जाए।

बहुत सोचा कि अपनी नज़रों को समझाऊँ,
कि खुद को रोक ले उसको देखने से,
लेकिन आँखों में बस नशा होता,
तो शायद रोक भी लेते थे।

उसकी आँखों में तो मानो कोई चुंबक लगा हो।
कोई देखे तो बस सारी उम्र देखता ही रह जाए।

अब तो बस यही ख़्वाहिश है,
कि ऐसे ही उसको देखता रहूँ,
उसकी आँखों के नशे में,
बस हर पल डूबा रहूँ।

यकीं मानिए, आज उसकी आँखों में देखने के बाद,
अब कुछ और देखने का जी ही नहीं करता।

पहले मिलते तो बस एक ही इल्तिज़ा होती उस ऊपर वाले से,
कि काश, काश उसकी आँखों के नशे के हर ज़र्रे को,
सिर्फ और सिर्फ मेरा बना दे।

उफ्फ, जाने क्यों आज उसकी आँखों में हमने देख लिया।
जाने क्यों।
✍ जय❤

50. आँखों में देखने की हिम्मत

आज फिर से उन आँखों में देखने की हिम्मत की..
वो दूर से चलती हुई मेरी तरफ ही आ रहीं थी..
मेरे पास नहीं, बस मेरी तरफ।

थोड़ा अंधेरा था..
फिर भी, आँखें चमक रही थी दूर से..
और जब पास आईं तो आँखों से पहले..
उसकी मुस्कुराहट में उलझ के रह गए।

ऐसा पहली बार नहीं हुआ था,
जब उसकी मुस्कुराहट पर नज़रें टिकी हों।

लेकिन ये पहली बार हुआ उसकी आँखों तक,
जाने की जरूरत ही नही पड़ी।

उसकी मुस्कुराहट में एक अजीब सी शरारत थी..
मानो हम पर ज़ोर ज़ोर से हँस रही हो।

छोड़ो, क्या फर्क पड़ता है..
हम तो इतने में ही सातवें आसमान पर हैं कि..

उसको ऐसे मुस्कुराते हुए देख सके।
✍ जय❤

51. आँखों को देखने की तलब

उन आँखों को देखने की तलब भी अजीब ही है..
हर दिन देखो फिर भी ऐसा लगता है,
जैसे कभी देखा ही न हो।

मानो जैसे पहली बार देख रहे हों..
जब भी देखो, उतना ही नशा की तबियत झूम उठे।

कैसे करता है ऊपर वाला ऐसा किसी के साथ..
कैसे दे सकता है किसी को इतनी नाचीज़ आँखे..
कि हर देखने वाला उसका बस दीवाना बन कर रह जाए।

सोचो जब हमें उन पर बेवजह इतना घमंड है..
तो जिस चेहरे पर होंगी ये मदयुक्त नशीली आँखें..
उस चेहरे की घमंड की परिभाषा क्या होगी।

जब भी कभी सोचता हूँ तो लगता है,
जैसे शब्द कम पड़ जाते हैं।

उन आँखों के सामने खूबसूरती के हर पैमाने,
छोटे लगने लगते हैं।

लिखने बैठो तो मेरी कलम उनको सोच के ही,
बस रुक सी जाती है..

शायद कलम की सांसें भी थम ही जाती होंगी,
उनको सोच कर।

शायद इसी वजह से,
आज तक जितना सोचा,
उतना कभी लिख न सका..

और आगे भी मुश्किल ही है,
सब कुछ ठीक से लिख पाना।

काश वो बस इतने से ही समझ पाती.. काश..
✍ जय❤

52. आँखें बस आँखें

वो आँखें बस आँखें ही होती,
तो कितना अच्छा होता था।
✍ जय ❤

उसकी आँखें किसी किताब का पहला पन्ना हो जैसे,
इनमें देखूँ तो पूरी किताब पढ़ने को जी करता है।
✍ जय ❤

इन आँखों से उन आँखों में देखा, और बस प्यार कर बैठे।
समझ नही आता क्यूँ लोग कहते हैं, कि प्यार अंधा होता है।
✍ जय ❤

उसकी आँखों का नशा, और उसके होंठों की कशिश,
इन्ही में अब हमारे दिल की धड़कन बसती है।
✍ जय ❤

इस मोहब्बत में बड़ी बेशर्म हो गईं हैं अब आँखें उनकी,
ख़ुद को शर्माते हुए भी अक्सर ख़ुद को देख लेती हैं।
✍ जय ❤

बड़ी दूर हैं वो आँखें, जिनमें हम अक्सर डूब जाते हैं
गर जरा करीब होंती, तो डूबना और गहरा होता था।
✍ जय ❤

तुम्हें देखने की तलब सी लगी है शायद इस पल,
सुनो! मेरी थोड़ी, बस थोड़ी मदद कर दो ना।
इल्म है हमें कि मिलना मुकम्मल न होगा अभी,
कम से कम, उन आँखों को देखने की जरुरत पूरी कर दो ना।
✍ जय ❤

शुक्रगुजार हैं तुम्हारे, जो तोहफ़ा हमको है दिया,
गर नहीं देखते थे उन आँखों को अभी,
तो शायद मर ही जाते थे हम।
✍ जय ❤

तुम्हारी आँखें हैं या कि इक दरिया,
कि इनमे डूब जाने को दिल करता है।
बस बता दो हमें इक इतनी सी बात,
कि डूब के निकलने का ज़रिया क्या है।
✍ जय ❤

कुछ तो है अजीब और बड़ा ख़ास सा एहसास,
वरना यूँ ही नहीं हम डरते थे, उनसे आँखें मिलाने में।
उन आँखों को देख कर ही, तबियत झूम जाती है,
जाने क्यूँ लोग उम्र बिता देते हैं, फिर शराबखाने में।
✍ जय ❤

तेरी आँखों के नशे में डूबने की चाहत तो है, मगर;
सुना है, जो नशा चढ़ के ना उतरे वो नशा खराब होता है।
✍ जय ❤

बातें करने के लिए तो उसकी आँखों में देख लेना ही काफ़ी है,
वो तो नशा है उसकी आँखों का, जो हम बात के बहाने ढूँढा करते हैं।
✍ जय ❤

वो आँखें जिनमे देखता हूँ तो कुछ और नहीं दिखता,
एक हम दिखते हैं और दूजा मेरा प्यार दिखता है।
✍ जय ❤

उन आंखों के नशे में हैं तो, बेवजह बातें भी जायज़ हैं,
वरना जायज़ बातें तो हम, हमेशा होश में किया करते हैं।
✍ जय ❤

तुम्हारी आँखों के नशे ने, तुम्हे चढ़ाया है इस कदर,
पूरी ज़िन्दगी भी इस नशे को उतरने को, अब कम लगती है।
✍ जय ❤

बड़ी शिद्दत से सुनना चाहते हैं, तुम्हारी ख़ामोशियों को हम,
तुम्हारी आँखें बोल पड़ती हैं मगर, जब भी तुम ख़ामोश रहती हो।
✍ जय ❤

उसने देखा तुम्हारे आँसुओं को बेहद करीब से,
मोतियों को बहते देख वो बस चुप सा रह गया।
✍ जय ❤

53. मैँ इश्क़ और मेरी ज़िंदगी

54. ज़िंदगी

ज़िंदगी में कुछ भी अच्छा हो तो लगता है ज़िंदगी मेहरबान है,
और जब कुछ अच्छा ना हो तो लगता है ज़िंदगी ख़फ़ा है,

सब अच्छा-बुरा ज़िंदगी पर आकर अटक जाता है,
अब इसे ज़िंदगी कहो या किस्मत, जो है यही है।

लगता है, जैसे बस ज़िंदगी ही आपकी सबसे सच्ची दोस्त है,
कोई झूठी दिलासा नहीं, कोई बनावटी रंग नहीं,
आपको अच्छा लगे या बुरा, जो है बस मुंह पर है।

अब ऐसे में,
कोई पागल ही ही होगा जो अपनी ज़िंदगी से इश्क़ ना करे।
हमें भी है। कर भी क्या सकते हैं भला। बस है तो है।

तो अब सोचना बंद करो, अपने दिमागी घोड़ों को लगाम दो,
बस; ज़िंदगी भर, ज़िंदगी के नखरे उठाओ और मजे करो।
✍ जय❤

55. मैँ और मेरी ज़िंदगी

इश्क़' मेरी 'ज़िन्दगी'
और
'ज़िन्दगी' मेरा 'इश्क़'
✍ जय❤

"इश्क़ और वो भी 'ज़िन्दगी' से"?
"इतना कि, 'ज़िन्दगी' को जी ना सके तो मर ही जाएंगे हम"।
✍ जय❤

मैं और मेरी 'ज़िन्दगी' का रिश्ता,
जैसे, 'एहसास' का 'अल्फ़ाज़' से।
✍ जय❤

माँ-बाप इस धरती पर उस ईश्वर का अदृश्य रूप।
घर, मंदिर का।
और मेरी पसंदीदा;
मेरी ज़िंदगी, जन्नत का।
✍ जय❤

ज़िंदगी! तुम हुक्म चलाते हुए ही अच्छी लगती हो।
ऐसे बस बीतते जाने वाली ज़िंदगी, भी भला क्या ज़िंदगी।
✍ जय❤

मेरी ज़िंदगी भी न.. बस क्या बोलें..
कमाल है..
तब भी थी, और आज भी है।
✍ जय❤

माशूका को ज़िन्दगी कहने वाले बहोत मिलेंगे,
हमें देखो, ज़िन्दगी को माशूका कहते हैं हम।
✍ जय❤

'ज़िन्दगी' में तो इश्क़ सब बुनते हैं,
कभी 'इश्क़' में ज़िन्दगी बुन के देखो।
✍ जय❤

इक दफ़ा खुद से इश्क़ करके तो देखो,
ज़िन्दगी से इश्क़ ना हो गया तो कहना।
✍ जय❤

खुद से इश्क़ किया तो ज़िन्दगी से इश्क़ हुआ,
ज़िन्दगी से इश्क़ हुआ तो इश्क़ से इश्क़ हुआ,

और जब इश्क़ से इश्क़ हुआ,
तो फिर लोग अच्छे लगने लगे।
✍ जय❤

बड़ी मिन्नतों से मिलती है, किसी को 'ज़िन्दगी' ऐसी,
हमे मिली हो, तो जरूर मेरे किस्मत की बात है।
✍ जय❤

हम "ज़िन्दगी" के नखरे उठाएं, ये समझ आता है,
"ज़िन्दगी" हमारे नखरे उठाए, ये सोचा भी नहीं जाता।
✍ जय❤

ज़िन्दगी! तुझे पाना नहीं बस हर पल जीना चाहता हूँ मैं,
जो मेरा ही है उसे फिर पाने की चाहत क्या करना।
✍ जय❤

तुझे जीने की कशिश है 'ज़िन्दगी', कि अब हमें ये जीने नहीं देती,
जो जी लिया तुझे गर, तो फिर हमें ये मरने नहीं देगी।
✍ जय❤

सुनो ज़िन्दगी! क्या इरादा क्या है तुम्हारा?
जान बन कर मेरी जान लेना चाहती हो क्या?
✍ जय❤

बड़े दिन से चाहत थी, हमें भी कुछ बनने की,
'ज़िन्दगी' से इश्क़ क्या हुआ, इंसान बन गए।
✍ जय❤

ये कैसी ज़िन्दगी है जो कभी अपनी नहीं लगती,
जो ज़िंदा भी हूँ तो, अपनी मौत के साये में हूँ ज़िंदा।
✍ जय❤

हर पल बस तुम्हारी याद में ही खोये रहें,
ज़िन्दगी! तुम इतनी भी तो हसीन नहीं।
✍ जय❤

इश्क़ है तुमसे ज़िन्दगी, तुम्हे कभी ना छोड़ेंगे,
तुमने भी तो हमको अब, कहीं का नहीं छोड़ा।
✍ जय❤

बड़ी शिद्दत से जीना चाहते थे, अपनी ज़िन्दगी को हम,
इक मेरी शिद्दत ही, मेरी ज़िन्दगी को शायद रास ना आई।
✍ जय❤

ज़िन्दगी! तेरे इश्क़ के रंग में, हम डूबे जो इस कदर,
ये बेरंग दुनिया भी, अब बड़ी रंगीन लगती है।
✍ जय❤

इश्क़ में पागल बना दिया है हमारी ज़िन्दगी ने हमें,
और, हम 'ज़िन्दगी' पर लिखते हैं, तो लोग हमे सरेख समझते हैं।
✍ जय❤

बड़ी बेईमान नजरों से देखते हैं हमे, वो हर इक देखने वाले,
जिन-जिन को भी बताया है, कि हमे इश्क़ है तुमसे ऐ 'ज़िन्दगी'।
✍ जय❤

ज़िन्दगी! कभी मिलो तो देखें, तुम्हारी मगरूरियत को भी,
कायल होंगे या करेंगे, वो तो वक्त पर देखेंगे।
✍ जय❤

जाने क्यों लगता है कि जैसे थक गया हूँ, ऐ ज़िन्दगी!
तेरी चाहत में तुझसे दूर हो गया हूँ अब।
✍ जय❤

आखिर इतनी अहमियत भी तुझे क्यों दूँ, ऐ ज़िन्दगी!
है ही क्या तेरे पास, इक जीने और मरने के सिवा।
✍ जय❤

ज़िन्दगी! तुम्हारी आदत सी अब हो गई है हमें,
चारो पहर चारो तरफ बस तुम ही दिखती हो।
✍ जय❤

जी रहें हैं ज़िन्दगी, जब तक ज़िन्दगी ने जिंदा रखा है,
उसके इशारों के अब मोहताज हो गए हैं हम।
✍ जय❤

थक जाओगी ऐ ज़िन्दगी, हमारा इम्तेहान ले लेकर,
इश्क़ तुमसे है, तो भला हम फेल कैसे हो सकते हैं।
✍ जय❤

ज़िन्दगी! आखिर उतरे भी तो अब ये मुझसे कैसे उतरे,
तुम्हारा नशा है ये, किसी शराब का नहीं।
✍ जय❤

ज़िन्दगी! तेरे ख्वाबों के इंतज़ार में, हम जागें हैं इस कदर,
तुझसे इश्क़ क्या हुआ, कि हमने सोना छोड़ दिया।
✍ जय❤

अपना बस चले तो ज़िन्दगी तुम पर ज़िन्दगी भर लिखता रहूँ,
तुमको सोचता हूँ और फिर अपना बस नहीं चलता।
✍ जय❤

ज़िन्दगी! कभी मिलो तो जी भर के, लड़ाईयाँ कर लें,
इक इश्क़ करते करते तुमसे, जैसे थक से गए हैं हम।
✍ जय❤

समझते हैं कि दस्तूर है ज़िन्दगी का, जान लेने का,
मगर जब तक उसने नहीं मारा, तब तलक उसे जी तो लेने दो।
✍ जय❤

आज फिर से ज़िन्दगी पर कुछ लिखने बैठा हूँ मैं,
जिंदा हूँ और ख़ुद-कशी पर कुछ लिखने बैठा हूँ मैं।

सही है, 'ज़िन्दगी' है जो देती है ये मौत का मंज़र,
ख़बर है, फिर भी उसके इश्क़ में अब मिटने बैठा हूँ मै।
✍जय❤

ज़िन्दगी! जान दे दें, गर एहसास हो तुम्हे मेरी मोहब्बत का,
वादा करो! मरने के बाद, फिर हमें खुद को जीने दोगी तुम।
✍ जय❤

जी करता है कि ज़िन्दगी पर लिखें, तो बस लिखते रहें हर पल,
ज़िन्दगी जैसे खुदगर्ज तो नहीं, जो वक्त के साथ हम पर लिखना छोड़ दे।
✍ जय❤

चलो माना कि मरने तक,
बस तुम ही साथ होगी ऐ ज़िन्दगी!
मगर, तुमसे इतनी मोहब्बत भी क्यों करें,
जब आखिर में मरना ही लिखा है।
✍ जय❤

ज़िन्दगी! अब बस हुआ, तुम्हे ही सोच कर जीना,
अब तो बस तुम्हे सोच के, इक दफ़ा मरना चाहते हैं हम।
✍ जय❤

चलो कुछ ऐसा करें कि अपना भी नाम हो जाए,
कभी रात में दिन, और दिन में ही शाम हो जाए।

तरसते रहे जिस पल को हम अपनी तमाम उम्र,
वो पल आए, और अपनी जिंदगी तमाम हो जाए।
✍ जय❤

ज़िन्दगी! बिन तुम्हारे, बड़ी अजीब हो गई है अब ये ज़िन्दगी,
तुम हो भी और नहीं भी, फिर भी; तुम ही तुम हो बस।
✍ जय❤

माना कि वो दिन भी आएगा जब, तुम याद ना आओगी ऐ ज़िन्दगी,
मगर वो दिन गर आएगा भी, तो ज़िन्दगी के बाद ही आएगा ना।
✍ जय❤

बड़ा यकीन था ख़ुद पर, और अपनी ज़िन्दगी से मोहब्बत पर,
सोचते थे, इस दुनिया में हम जैसे आशिक़ कहाँ मिलते हैं।

ज़िन्दगी ने ठोकर मारी, तब जाके समझ आया,
इंसान हैं, हम ऐसे ही ठोकरों से गिरते और सम्भलते हैं।
✍ जय❤

मेरी ज़िन्दगी इशारे करती है कि,
उसकी ज़िन्दगी से अब निकल जाऊँ।
असल में तो वो ये कहना चाहती है कि,
बहोत जी लिया हमने, अब बस मार जाऊँ।
✍ जय❤

ज़िन्दगी! गर तुम समझती हो कि,
ढंग से बिना पढ़े ही पलटे होंगे पन्ने हमने,
बता दें कि तुम्हारे इश्क़ में,
हर इक पन्ने को कई बार पढ़ा है हमने।
✍ जय❤

ज़िन्दगी! तेरी किताब के हर पन्ने को,
कई बार पलट के देख लिया,
जिस पन्ने में हमें तुम मिली थी,
कम्बख़्त; अब वो पन्ना ही नहीं मिलता।
✍ जय❤

ज़िन्दगी बीवी तो नहीं कि उससे कुछ उम्मीदें रखें,
सुना है, ज़िन्दगी उम्मीदों पर कभी खरी नहीं उतरती।
✍ जय❤

अच्छा हुआ कि अब जो इश्क़ हुआ भी, तो "ज़िन्दगी" से हुआ,
इक तरफा इश्क़ में भी कम से कम, मरने तक साथ तो देगी।
✍ जय❤

इससे पहले की बात मेरे दर्द की आए,
ग़मों को जेब में रखूँगा और मगरूर चला जाऊँगा,
बड़ी कोशिश कर ली तेरे करीब आने की ऐ ज़िंदगी,
सोचता हूँ की अब बस तुझसे दूर चला जाऊँगा।
✍ जय❤

56. इश्क़ और सफरनामा

इश्क़ से इश्क़ होते किसी ने देखा है किसी को,
हमें ही जाने कैसे इश्क़ से इश्क़ हुआ है।
✍ जय❤

माना कि बड़ी मुश्किलें हैं इस इश्क़ में साहेब,
ऐसा तो नहीं कि इश्क़ अब मुमकिन ही नहीं है।
✍ जय❤

माना कि हुई होगी, किसी से तुमको भी मोहब्बत,
अरे, मज़ा तो तब है, जब तुम्हे इश्क़ हुआ हो।
✍ जय❤

तब ना माना था और आज ख़ुद को वो कहते हैं,
ख़ूबसूरती देखने वाले की आँखों में होती है।
✍ जय❤

मोहब्बत बता के की जाती होगी,
इश्क़ नहीं।
✍ जय❤

जता के मोहब्बत तो कइयों ने की होगी,
मगर, छुपा के इश्क़ करने का अपना ही मजा है।
✍ जय❤

मिला नहीं हूँ तुमसे फिर भी यकीन हैं हमें,
मिलोगी तो जरूर दीवाना करके ही छोड़ोगी।
✍ जय❤

बड़े दिन हुए किसी से मोहब्बत करके,
वैसे तो अपने पुराने इश्क़-ए-यार बहोत हैं,
अब तो डरता हूँ मोहब्बत की परछाईयों से भी,
सुना है मोहब्बत के दरवाज़े पर पहरेदार बहोत हैं।
✍ जय❤

जिससे मिला नहीं अब तक उसकी सुन्दरता का क्या बखान करूँ,
मेरा बस चले तो उसके हुस्न पर, ज़मीन-ओ-आसमान करूँ।
सुना है बड़ी शिद्दत से बनाया है, उसको ऊपर वाले ने,
मिले कभी वो भी, तो उसको झुक कर सलाम करूँ।
✍ जय❤

इश्क़ का नशा इस कदर है हम पर,
तुम्हारे हो जाएंगे तुम्हे इश्क़ समझ कर।
✍ जय❤

तुम बिजली बन के गिरो, या बारिश बनके,
जरा इश्क़ से गिरोगी, तो सह लेंगे।
✍ जय❤

अक्सर यही सोचता हूँ की इतना सोचा ना करूँ,
इतना सोचने पर भी उसकी बातें सोच ही लेता हूँ।
✍ जय❤

कितना भी बोलूँ इश्क़ है, फिर भी बहोत कम लगता है,
आँखों का नशा है या कि होंठो का, पर तुम्हारा ही है।
✍ जय❤

माना कि बकवास है और थोड़ा पागल भी है वो शख्स,
बेकार भी तो है, फिर क्यूँ मेरे ख़यालों में रहता है।
✍ जय❤

तेरी नौटंकियों के क़ायल हैं तेरे हर इक चाहने वाले,
एक तो तेरे बेबाक नख़रे, दूसरे तेरा या पागलपन।
✍ जय❤

इश्क़ की दीवानगी से, हम इस कदर गुज़रे,
दीवाने इक दफ़ा उनके जो हुए, दीवाने बनकर रह गए।
✍ जय❤

रंगों की होली में तुमको गुलाल कर दूँ,
मोहब्बत के तराजू में मालामाल कर दूँ,
इस बार होली में तुम इस कदर मिल जाओ,
इम्तहान-ए-इश्क़ में दोनों की इक मिसाल कर दूँ।
✍ जय❤

गुनाहों की आदत तो नहीं है हमे, फिर भी;
तुमसे इश्क़ करने का गुनाह बार-बार करते हैं।
✍ जय❤

तुम्हे देखना और देखना और बस देखते ही रहना,
कम्बख़्त! इश्क़ ऐसा होगा हमें ये अंदाजा न था।
✍ जय❤

तुम्हारी सोच से फुर्सत हो, तब तो तुम्हे सोचने बैठूँ,
लगता है अब हमें, बस यही इक काम आता है।
✍ जय❤

बता देने से समझते हैं, लोग इश्क़ की कीमत,
हर मोहब्बत यूँहीं बस, इक तरफा नहीं होता।
✍ जय❤

तुम्हे मालूम है फिर भी बयाँ करने को दिल करता है,
तुम्हारे इश्क़ में यूँहीं जवाँ रहने को दिल करता है।
✍ जय❤

तुम वहाँ पर लिखती हो, और हम यहाँ पर लिखते हैं,
तुम्हारी याद में ज़ालिम, ना जाने क्या-क्या लिखते हैं।
✍ जय❤

जाने क्या कर दिया है ये तुमने असर हम पर,
मर भी गए तो कसम से तुम्हारे ही रहेंगे।
✍ जय❤

इश्क़ तुमसे हुआ तब जाके तुम्हारे हुस्न को देखा,
यक़ीन मानो कि अब हर घड़ी बस तुमको तकते हैं।
✍ जय❤

चलो कम से कम हम उनके इतने काम तो आए,
इशारों में ही सही, उनकी बातों में हमारे नाम तो आए।
✍ जय❤

जी करता है कि मेरी ज़िन्दगी को एक पन्ना समझ लूँ,
खुद को एक कलम; और तुम्हे,
उस पन्ने पर इस कलम से लिखी इक लौती ग़ज़ल।
✍ जय❤

दिल करता है अरमानों को अपने, पतंगे बना लूँ,
कट जाए तो गम नहीं, इक दफ़ा तो उड़ा लूँ।
✍ जय❤

सोचता हूँ इक दफ़ा डूब ही जाऊँ उसकी चाहत में,
पार हुआ तो ठीक वरना डूबने का तजुर्बा ही काफ़ी होगा।
✍ जय❤

याद आते हैं वो लम्हें जब उसने हमारा हाथ देखा था,
कभी बताया नहीं उसने कि, तक़दीर में वो भी थी शामिल।
✍ जय❤

हाल में जब उस साली से अपनी पहली मुलाकात हुई थी,
जिससे आज तलक बस फोन पर ही मीठी बात हुई थी।

आज भी सोचता हूँ कि शायद कुछ अलग ही गुल खिलते थे,
अगर वो हमारी,और हम उसको उसकी शादी से पहले मिलते थे।
✍ जय❤

ख़ुदा का नूर है उसपर या कि नूर मोहब्बत का है,
ज़र्रे ज़र्रे में है नूर खुद का या कि उसकी इबादत का है।

गर अंधेरा छू नहीं सकता उसको, इस नूर-ए-मोहब्बत में,
इंतज़ार हमे उसकी मोहब्बत या फिर उसकी इजाजत का है।
✍ जय❤

रोटियाँ बना के थक नहीं जाती पागल?
आओ चलो अपनी एक दुनियाँ बनाते हैं।
✍ जय❤

कितना समझाया कि कुछ फ़ासला वासला रखो हमसे,
फिर भी चली आती है हर रोज़ मेरे ख़यालों में।
✍ जय❤

मेरे प्रस्ताव को वो पगली मेरी कविता समझती है,
दोस्त कहती है मगर, दोस्त से ज़्यादा समझती है।
कोई जाके समझाओ उसे, उसको जीने की मेरी हसरत को,
हमको तो कुछ नहीं समझती, ख़ुद को जाने क्या समझती है।
✍ जय❤

सुनो! आज कुछ बिना कहे ही, सब कुछ सुन लो ना,
सब कहते हैं कि इश्क़ में, एहसास बोला करते हैं।
✍ जय❤

किसी ने इक रोज़ हमसे कहा कि
जरूरी नहीं की आप अपने प्यार को उसके नाम से ही बुलाएं,
कभी-कभी आप भी उसको 'परी' या 'जानू' कह सकते हैं।

हमने कहा,
यार 'परी' कहेंगे तो कभी हमारी न होगी,
और अगर 'जानू' कहा तो शायद जान ही ले लेगी।

हर एहसास को सिर्फ शब्दों में नहीं जताते हैं,
हम तो भई अपने प्यार को प्यार से,
'पागल' और 'नौटंकी' कह कर बुलाते हैं।
✍ जय❤

दोनों "तुम हो" "तुम हो" में इतने मशरूफ़ रहते हैं,
कि, बड़ा मुश्किल है ये समझ पाना की कौन है पागल।
✍ जय❤

वो जो बस यूँही समझ लेते हैं पागल हमको,
कोई बताये उनको की इस पागलपन की वजह वो हैं।
✍ जय❤

बड़े दिनों बाद आज उसने फिर से कुछ बनाया,
नहीं नहीं; रोटियाँ नहीं, इस बार वो हमे बना रही थी।
✍ जय❤

तुम हुस्न हो, तुम इश्क़ हो, तुम हो ज़ेबा-ए- दिल,
तुम गुल गुलिस्ताँ की, तुम खुद में जीवन हो,

अहमक ढूँढ़ते होंगे जन्नत किसी दूसरी दुनियाँ में,
मेरी तो इजारत भी हो तुम, और तुम ही इरम हो।
✍ जय❤

अगर शिद्दत की कोई हद होती,
इबादत की भी कोई ज़द होती,
सारी बंदिशों से बढ़ के इश्क़ करते तुमसे,
मेरे इश्क़ की ऐसी फिर फितरत होती।
✍ जय❤

पता है! तुमसे बेवजह बातें बनाने को दिल करता है..
तुमसे अपनी और तुम्हारी सुनने-सुनाने को दिल करता है।

लोग कितनी भी तारीफें करें मेरी लिखावट की..
तुम कहते हो न, तो बस मान जाने को दिल करता है।
✍ जय❤

जब से जाना है तुझको, खुद को भूलने सा लगा हूँ मैं,
साहिर बनकर कहीं इश्क़ में बाँधने का इरादा तो नहीं।
✍ जय❤

कहोगी तो बता देंगे तुम्हे कि, दिल में कितने अरमाँ बाकी हैं,
अभी तो बस शुरुवात है, हमें थोड़ा जी तो लेने दो।
✍ जय❤

कैसे बताऊँ कितना रोका दिल को, कि तुमसे यूँ प्यार करने को,
कम्बख़्त! मेरी बातों से ज्यादा, इसे तुम्हारी हँसी पसंद है।
✍जय ❤

इश्क़ में हमारे वो अब, जीने की कशिश लिए बैठे हैं,
उनके इश्क़ में फनाः हुए, हम उनकी तपिश लिए बैठे हैं।
✍ जय❤

अक्सर कोई होता है ऐसा, जिसको तुम अपनी किस्मत समझते हो,
मेरी तो किस्मत ही मेरा इश्क़, और; इश्क़ ही मेरी किस्मत बन गई।
✍ जय❤

ये तेरी झुकी नजरों का असर है, या कि तेरी अदाओं का,
देखते हैं तो देखते हैं, पर कभी जी नहीं भरता।
✍ जय❤

सोचता हूँ आज फिर से कुछ ख़ास कर लूँ,
इतनी बार मरा, इक दफ़ा और उसपर मर लूँ,
कोई पूछे गर कि क्यों हो मरते, उसपर इतना तुम,
फिर से इक दफ़ा, अपनी बात से मुकर लूँ।
✍ जय❤

कितनी भी बेईमान कोशिशें, कर लें ये दुनिया वाले,
हम फिर भी कुछ लोगों में, अपनी खुशी ढूँढ ही लेते हैं।
✍ जय❤

की भी तो तुमने हमसे, आखिर इतनी मोहब्बत क्यों कर ली,
कि तुम मुझमें और हम तुझमें, अब हर पल जीने लगे हैं।
✍ जय❤

ज़मीन तरसती रहती है कि उसको शबनम नसीब हो,
बादल तरसते रहते हैं कि उसको सावन नसीब हो,
उसका क्या जो तरसता है बस इक उसकी ख़ुशी के लिए,
ख़ुदा करे इस हयात के बाद, उसको जीवन नसीब हो।
✍ जय❤

कैसे बताएं की कितनी मुहब्बत, हो गई है तुमसे,
अब तो दुनिया का हर शब्द, बड़ा ही छोटा लगता है।
✍ जय❤

दुनियाँ के हर इंसान से, अब थोड़ी जलन सी होती है,
डरता हूँ कि कोई और, तुम्हारी हँसी ना देख ले।
✍ जय❤

देखता हूँ तो देखता हूँ और बस देखते ही रहता हूँ,
उस खुदा को क्या हम ही मिले थे ये नाचीज़ देने को।
✍ जय❤

तुम में जो हूँ डूबता, तो निकलने का मन नहीं करता,
अफसोस कि हूँ डूबता भी, किस्मत से हर घड़ी।
✍ जय❤

तुम ना मिली होती तब भी, जी लेता था ये जिंदगी,
जो तुम मिली हो तो जी भर के, इसे अब जीना चाहता हूँ मैं।
✍ जय❤

तेरे संग जीने की अब ऐसी आदत सी पड़ी है हमको,
कि, बिन तेरे जीना तो ख्वाबों में भी नहीं सोचा अब तक।
✍ जय❤

बड़ी किस्मत से मिलती है किसी को किस्मत ऐसी,
किसी की याद में आना और उसके दिल को मचलाना,
इस ज़िंदगी से सीखता हूँ हर रोज़ कुछ ना कुछ,
नहीं सीखा है हमने इश्क़ में आगे बढ़ के रुक जाना।
✍ जय❤

कभी लंबे, कभी छोटे; बिल्कुल उसकी उन हरकतों को तरहा,
उसके चेहरे पर गिरते हुए उसके वो बाल, कमाल लगते हैं।
✍ जय❤

उसकी आँखें, उसके होंठ, उसके गाल या उसके बाल,
कुछ भी ऐसा नहीं जिस पर आसानी से कुछ लिख सकूँ।
✍ जय❤

वो अक्सर यही पूछते हैं कि, उन पर क्यों लिखते नहीं हैं हम,
कैसे बताएं की उनको सोचते ही साँसें थम सी जाती हैं।
✍ जय❤

वो जो कहते हैं कि बड़ा आसान है, किसी के हुस्न पर लिखना,
उनसे कहो कि इक बार आके, मेरे इश्क़ को भी देख लें।
✍ जय❤

सोचता हूँ कि जब भी लिखूँ, तो बस तुम ही पढ़ो मेरे जज़्बात को,
सारी दुनिया ने पढ़ लिया, तो सब तेरे दीवाने हो जाएंगे।
✍ जय❤

प्यारी है तू इतनी कि प्यार करने को जी करता है,
तेरी कातिल निग़ाहों से इक बार मरने को जी करता है।

ज़िन्दगी में तमाम खुशियाँ हैं आबाद रहने को,
शीशा हूँ, फिर भी इक दफ़ा टूट के बिखरने को जी करता है।
✍ जय❤

बड़ी बदमाशियाँ हैं तेरी, और तेरे उन क़ातिल अदाओं की,
गुस्सा भी आता है तुझपर, तो कम्बख़्त हसते हुए आता है।
✍ जय❤

सुना है उसकी उस हँसी के लाखों दीवानें है,
उसका क्या जो जीता ही है, बस इक उसकी हँसी के लिए।
✍ जय❤

तुम्हारी मुस्कान पर जीना, तुम्हारी मुस्कान पर मरना,
तुम्हारी हँसी को ही हम अपनी दुनियाँ समझते हैं।
✍ जय❤

इश्क़ जैसी कोई लाइलाज़ बीमारी हो, तो क्या कीजे,
यही कीजे की उसकी याद में, इक कप चाय पी लीजे।
✍ जय❤

तुम चाय से इतनी मोहब्बत करते हो..

इक दफ़ा चाय जैसी भी मोहब्बत करके देखो..
हम बिस्कुट जैसे डूब ना जाएं, तो कहना।
✍ जय❤

ऐसा नहीं कि जब चाय पीता हूँ, तब तुम्हारी याद आती है,
हाँ, जब तुम्हारी याद आती है, तब चाय जरूर पी लेता हूँ।
✍ जय❤

हर नुस्खा अदरक, इलायची, का आजमाया चाय की दुकानों पर,
जब भी पीता हूँ मगर, तो महक बस तुम्हारी आती है।
✍ जय❤

बताओ क्या पीते हो जो कहते हो कि
'चाय' सच मुच नहीं पीते,
सुना है चाय तो वो भी पीते हैं
जो अमूमन कुछ नहीं पीते।
✍ जय❤

कल रात फिर उससे बड़ी देर तलक बात हुई,
यूँ बात करते-करते जाने कब आधी रात हुई।

तमाम उम्र तरसते रहे जिस तमन्ना से मिलने को,
इक बार फिर उससे मेरी,ख़्वाबों में मुलाकात हुई।
✍जय❤

कुछ है जो मैं पागलों की तरह ढूँढता हूँ,
शायद खुश रहने की वजह ढूँढता हूँ।
✍ जय❤

इक रोज़ उससे पूछा कि क्या समझते हैं हम तुम्हें,
उसने भी मुस्कुरा कर बस 'नहीं' कह दिया।
✍ जय❤

कैसे कहूँ, किससे कहूँ और कहूँ भी तो क्यों कहूँ,
जब तूने नहीं समझा तो ये दुनिया क्या ख़ाक समझेगी।
✍ जय❤

सोचता हूँ मिल के देख ही लूँ, तुम्हारी उस मुस्कराहट को,
क्या पता इनमे ही मोहब्बत के, कुछ निशाँ मिल जाएँ।
✍ जय❤

बड़ी छोटी हो गई है, अब बातें हमारी,
कम्बख़्त इन एमोज़िस ने तो, पूरी दुनियाँ उजाड़ रक्खी है।
✍ जय❤

कौन कहता है कि मेरे कहने से, तुम सुन्दर नहीं दिखती,
खूबसरत पन्ना किसी की तारीफ का, मोहताज़ नहीं होता।
✍ जय❤

श्रृंगार रसः संयोग व वियोग

संयोग, हमारी कल्पना..
और वियोग, हमारे संयोग का सच..
✍ जय❤

वो जो कहते हैं की तुम बहोत याद आते हो हमे,
फिर तो फ़ुरसतें निकलना भी ज़रूर उन्हें आता होगा।
✍ जय❤

तुमने तो सिर्फ चाय से मोहब्बत की,
वो तो हम हैं जो बिस्कुट बने डूबते फिरते हैं।
✍ जय❤

कभी सोचा ना था, कि मुलाक़ात भी जरुरी है,
सच है कि अब वो बड़े दूर नज़र आते हैं।
✍ जय❤

इशारों इशारों में मांगी थी इजाज़त हमने किताब पढ़ने की,
इज़ाज़त भी मिल गई होती, गर इशारा समझ लिया होता।
✍ जय❤

शायद खायी थी उसने क़समें ज़िंदगी भर ख़ामोश रहने की,
पर इक रोज़ ही खामोश रह कर उसने सब कुछ कह दिया।
✍ जय❤

ख़ुश होता हूँ जो सुनता हूँ की वो ठीक हैं,
फिर भी पलकों को अपने भिंगों के रखा है।
क्यूंकि, पहले जो बोलते थे तो चुप ना होते थे,
आजकल किसी बात ने उन्हें बोलने से रोके रक्खा है।
✍ जय❤

सोचता हूँ इक बार फिर से अज़नबी बन कर देख लूँ,
क्या खूब थे वो दिन जब हम तुम्हे जानते न थे।
✍ जय❤

इस राह-ए-ज़िंदगी में, अपनी मुलाकात भी जरूरी है,
जो न हो सकी अब तक, वो छोटी सी बात भी जरूरी है।

यूँ तो सारी ख़्वाहिशें पूरी हो चुकी हैं अपनी,
बस इक इसी तमन्ना-ए-खास का एह्सास भी जरूरी है।
✍ जय❤

ये मोहब्बत कोई जीतने-हारने की चीज नहीं,
किसी जीते हुए को जीते जी मारने की चीज नहीं,
अजी ये तो किसी से बस करते रहने का नाम है,
किसी बिगड़े हुए बुख़ार को और बिगाड़ने की चीज़ नहीं।
✍ जय❤

शायद भरोसा न था उनको हम पर, जो इतनी दूर जा बैठे,
या कि हम समझें कि भरोसा उनको खुद पर ना था।
✍ जय❤

या तो दोस्ती में कोई कसर रह गई, या प्यार में कोई कमी,
तभी तो कम्बख़्त खुद ही, इतने दूर जाने की बात करते हैं।
✍ जय❤

कौन कहता है कि दुनियाँ सिर्फ विश्वास पर ही जिंदा है,
मेरा नसीब तो देखो ऐ दोस्त, हम विश्वास करके ही मर गए।
✍ जय❤

कौन कहता है कि लोग सिर्फ इश्क में जान देते हैं,
हमने तो बस दोस्ती माँगी और उनकी जान निकल गई।
✍ जय❤

कौन कहता है कि रिश्ते में अंडरस्टैंडिंग की जरूरत होती है,
अगर होती तो इतने दिनों में वो हमे समझ न गए होते।
✍ जय❤

कौन कहता है कि फीलिंग्स सब कुछ बदल देती हैं,
यहाँ तो जो कुछ भी बदला वो फीलिंग्स ना होने की वजह से।
✍ जय❤

सुनो! चलो माना कि तुमने प्यार भी किया होगा हमसे,
मगर, मेरा "इश्क़" तो बेचारा फिर भी इक तरफा ही रह गया।
✍ जय❤

तेरा व्हाट्सएप वाला नंबर तो डिलीट ही कर देता था, मगर;
बड़ा ख़ास होता है तेरे बदलते डीपी को ज़ूम करके, बस मुस्कुरा देना।
✍ जय❤

दुनियाँ में दो ही किस्म के लोग दूसरों पर भरोसा करने से कतराते हैं,
एक तो वो जिनको किसी से धोखा मिला होता है,
और दूसरे वो जिन्होंने किसी को धोखा दिया होता है।
✍ जय❤

चलो माना कि तुमसे बात नहीं होती,
पर यकीनन तुम पर नजर रखते हैं।
तुम्हारे नवाजे इस प्यार की अहमियत,
हर घड़ी हर पहर रखते हैं।
✍ जय❤

कैसे बताऊँ की दिल में ग़ुबार आया है,
तुमसे मिलने को अब बस इंतज़ार आया है,
मेरी 'अंग्रेजन' तुम ये समझो या ना समझो,
मगर, आज फिर तुम पे प्यार आया है।
✍ जय❤

कहो तो बता दूँ तुम्हे कि, आज बरसात हो रही है...
वो जो संग भींगने के वादे थे... क्यों! आ रही हो क्या???
✍ जय❤

वो हर दफा के जैसे, बस आते आते रह गए,
हम अब भी भींगते खड़े हैं, उनके इंतज़ार में।
✍ जय❤

इस ख़ुशनुमा बारिश के मौसम में आज जब,
इस हसीन बारिश पर लिखने बैठा,
हसीन और ख़ुशनुमा सोचते ही,
कमबख्त, तुम्हारी यादें बरस पड़ती हैं।
✍ जय❤

तुम बारिश जैसी हो या फिर ये तुम सी,
कभी ये नहीं आती तो कभी तुम गुम सी।
सुनो! तुम होती हो तो ज़िन्दगी ख़ास लगती है,
जैसे ठंड की सुबह की उस शबनम जैसी।
✍ जय❤

चलो माना तुम्हे भी इश्क़ है, मुहब्बत की खबर भी है।
दर्द है कि इश्क़ है तो, फिर क्यों दिखता नहीं है।
✍ जय❤

आज भी तुम्हारी हरकतें हमें आवाज देती हैं,
दर्द है कि वो तुम्हे इसका एहसास तक नहीं देती।
✍ जय❤

बड़ी हिचकिचाहट हो रही है, उसका नाम ले लूँ क्या..
हिचकियाँ तो कम हो जाती हैं, शायद; हिचकिचाहट भी हो जाए।
✍ जय❤

फर्क बस इतना था कि,
दोस्तों को लगता था कि , दोनो दिखते हैं पास पर हैं कितने दूर,
और दोनो को लगता था कि,
हम हैं कितने पास, भले ही दिखते हैं दूर।
✍ जय❤

कौन कहता है की मुलाक़ात नहीं होती,
मुलाक़ात तो होती है, मगर बात नहीं होती।
✍ जय❤

काश, पलों को थामने की भी कोई ताकत होती।
✍ जय❤

आसान होता तो शायद कई बार लिखता,
जैसे रवानी में ख़ुद की जवानी लिखना।

मगर मुश्किल है लिखना अपनी कहानी इश्क़ की,
जैसे पानी से, पानी पर, पानी लिखना।
✍ जय❤

मोहब्बत में हर दफ़ा वफ़ा-दारी सरे आम नहीं होती,
और किसी पन्ने के पढ़ भर लेने से मोहब्बत बदनाम नहीं होती।

मोहब्बत में मोहब्बत का हो जाना ही, मोहब्बत की क़ामयाबी है,
मोहब्बत होके, कोई मोहब्बत कभी नाकाम नहीं होती।
✍ जय❤

इस इश्क़ की दुनियाँ में, कभी कुछ बर्बाद नहीं होता,
हार का भी जश्न होता है, भले कुछ आबाद नही होता।

इस इम्तेहान-ए-कश्ती में तो सफर सब करते हैं,
जीत कर भी यहाँ मगर कोई सिंदबाद नहीं होता।
✍ जय❤

यही वक्त था, यही दिन था, बस साल पुराना था,
क्या कहें वो भी हमारा क्या खूब जमाना था।

निकले थे मिलने जिसे, उसको थी कुछ चोट सी आई,
या फिर उसने पहले ही सोचा था, कि उसने ना आना था।
✍ जय❤

दर्द अक्सर जवाँ-जवाँ से होते हैं,
जब भी उनके नाम किसी ज़ुबाँ पे होते हैं।
✍ जय❤

आसान होता अगर होता तुम्हें बता पाना,
कैसे कहूँ की अभी सारी कसक बाक़ी है।
✍ जय❤

जिसकी बातों में कभी जीने की वजह ढूँढी थी,
उसने खामोश रहकर मरने की वजह दे दी हमें।
✍ जय❤

ज़िन्दगी में कभी जो इतने दर्द दिए थे तुने,
वही मीठा दर्द फिर से पीने को जी करता है।

आजकल बड़ी जोरों से सुनता हूँ तेरी ख़ामोशी को,
इक दफ़ा फिर से तुझे जीने को जी करता है।
✍ जय❤

आजकल फिर से हम मिलने की शकल ढूँढते हैं,
उम्मीदों में अपना बिताया हुआ वो पल ढूँढते हैं।

याद करते ही उनको, अपनी आँखें बंद हो जाती हैं,
ख्वाबों में ही सही, पर गुज़रा हुआ वो कल ढूँढते हैं।
✍ जय❤

दोस्त कहते हैं कि कुछ भी दिल पर मत ले यार,
कैसे उन्हे बताएं कि कम्बख़्त दिल ही नहीं हैं।
✍ जय❤

पहले मिली होती तो अपनी बाहों में रखता था,
अब तो बस पलकों में ही महफ़ूज़ रखा है।
✍ जय❤

वो जो कहते थे कभी, कि मत लिखा करो,
वही तारीफ करते हैं अब, हमारे लिखने के बाद।
✍ जय❤

दुआ करते हैं कि तुझे फिर से, प्यार हो जाए,
तेरी ज़िन्दगी में भी कोई शायर, यार हो जाए।
✍ जय❤

सोचा था कभी उनको, हम गलत न होने देंगे,
क्या पता था यही जानकर वो गलतियाँ करेंगे।
✍ जय❤

गलत हम न थे, गलत वो न थे,
गलत थी हमारी गलतियाँ,
उसने गलती की हमे गलत जान कर,
और, हमने गलती की हर बार गलती मान कर।
✍ जय❤

उनको भी मालूम हैं कि हम गलत नहीं हैं,
फिर भी खफा होते हैं वो, मेरी हर गलती के बाद।
✍ जय❤

कौन कहता है कि हमारे आसमान पर सितारे नहीं,
कम्बख़्त, सितारे तो हैं,
मगर, दिन में किसी को दिखाई नहीं देते।
✍ जय❤

कमाल की दुनियाँ है ये भी, जिसमे तुम नहीं शामिल,
लोग तो सब ज़िंदा है यहां, इक हमारा ही कत्ल हुआ लगता है।
✍ जय❤

तेरे साथ जो गुजरेगी, अब वही ज़िंदगी होगी,
बाकी कुछ भी हो, सब तुझपे वार जाऊँगा।

अब हार-जीत से ऊपर का है ये रिश्ता अपना,
तुझसे जीतूँगा, तो कम्बख़्त; तुझे हार जाऊँगा।
✍जय ❤

आखिर क्यों कह दिया तुमने, कि तुमको इश्क़ है हमसे,
तुम बिन जी नहीं सकते, और यादें हमे मरने नहीं देती।
✍ जय❤

जिंदगी उस दोस्त के साथ बस गुजरी इतनी,
जैसे किसी देश में इक त्योहार गुजर जाता है।

उसने ही कहा था कभी कि, दूर रहा करो हमसे,
जाने क्यूँ पास रहते हो तो, प्यार उमड़ आता है।
✍ जय❤

हर बात उसकी मानी, कभी इनकार ना किया,
जब-जब उसने ना कहा, कभी तकरार ना किया।

अब समझ आया, जो आजतक ना समझा था,
शायद उसने कभी हमपर पूरा एतबार ना किया।
✍ जय❤

आज लौटे भी तो वो बहोत ही थोड़े लौटे,
बदली की धूप सी हो गई है अब आदत उनकी।
✍ जय❤

तुम्हारे आने की ख़ुशी है, या फिर से चले जाने का गम,
चेहरे पर हँसी तो है मगर, घबराहट का असर ज्यादा है।
✍ जय❤

अगर इतनी ही फिकर होती, तुम्हे मेरे भी खुश रहने की,
जाते ही क्यों तुम बार-बार, ऐसे वापस आने के लिए।
✍ जय❤

अंदाज-ए-नखरों पर उसके बस मुस्कुरा सा देता हूँ,
ये सोच कर की अब भी उसमे थोड़ी कसक बाक़ी है।
✍ जय❤

सुना है वो फिर से वापिस लौट आए हैं,
कोई वीराने से कह दो की अब उसकी जरूरत नहीं।
✍ जय❤

कुछ वादे थे किसी को कुछ ना बताने के,
हमने तो निभाया मगर वो ही भूल गए।

बताना ही था तो सब कुछ बता देते,
सिर्फ अपना दर्द बताया और हमारा भूल गए।
✍ जय❤

बड़ी अजीब ख़्वाहिशें हैं ये कम्बख़्त, तुम्हारे साथ जीने की,
ये अकेले हमें मरने नहीं देती, और तुम साथ जीने नहीं देती।
✍ जय❤

आख़िर जीत जाने को उन्हें, जान भी दे दी हमने,
और इक वो ज़ालिम हैं जिनको मेरा मरना भी गंवारा ना हुआ।
✍ जय❤

सुनो! हर दिन बड़ी तलब सी लगी रहती है तुम्हारी,
वादा करो, हमें फिर से अपने नशे में नहीं डूबने दोगी तुम।
✍ जय❤

तुम्हें जो चाहिए था इक बहाना हमसे दूर जाने का,
हर कदम बहाने मिलेंगे तुम्हें, ये वादा रहा तुमसे।
✍ जय❤

अच्छा है कि आज यहां इतनी सरहदें हैं, या मौला;
ये भी क्या खूब बहाना मिला, उसको इस कदर भूल जाने को।
✍ जय❤

इश्क़ और दौर-ए-आज़माइश से हम इस कदर गुजरे,
कि खुद को बदलते-बदलते, हम खुद बदल चुके हैं।
✍ जय❤

चाहते तो हम तुम्हे आज भी उतना ही हैं,
बस पीछे पड़ने की कभी आदत नहीं रही।
✍ जय❤

जिसने मोहब्बत में कभी, कोई चोट ना खायी,
अब वो ज़ालिम भी हमारे दर्द का, इलाज़ करते हैं।
✍ जय❤

कोई जाके कह दो उससे, बता दो उसको हक़ीकत,
दो मंजिलों के कब आखिर एक कारवाँ होते हैं।

उसको इस बात का तो इल्म भी ना हो शायद,
इश्क़ भला कहाँ हम जैसों पे मेहरबाँ होते हैं।
✍ जय ❤

पैसे कमा के तो बहोत देख लिया हमने,
जो तुम नहीं तो अब भी ज़िन्दगी गरीब लगती है।
✍ जय❤

हम यूं ही उनके एहसान-ए-इश्क़ को, मुहब्बत समझते रह गए,
हम इश्क़ करते रह गए, और वो एहसान करते रह गए।
✍ जय❤

कुछ रोते हैं जब दूर होते हैं प्यार के,
कुछ रोते हैं जब पास होते हैं प्यार से।

हम बगैर जाने कि कब पास हैं कब दूर,
पागलों की तरह बस रोते चले गए।
✍ जय❤

कुछ कदम साथ चले, खुद ही डगमगाने लगे,
मेरी नजरों से अब वे नजरें खुद चुराने लगे।

पता होता तो शायद साथ ही न चलाता था,
कल तो बस नजरें जली, आज दिल तो न जलता था।
✍ जय❤

समझा दिया है खुद को, ये इश्क़ इक तरफा ही रह गया,
बस इतना वादा करो, फिर से करीब नहीं आओगी तुम।
✍ जय❤

दिल को लगता है कि वो फिर आयेंगे,
दूर रहकर खुद भी नहीं जी पाएंगे।

शायद हम अभी भी गलत ही होंगे,
पर हम अपने इस दिल को ये कैसे समझाएंगे।
✍ जय❤

जब तक ज़िंदा हूँ, तेरी चाहत की कसर पूरी कर ले,
फिर तो वक्त के साथ मजबूर चला जाऊँगा।

चाह कर भी चाहने को मैं ना मिलूँगा,
मैं बहुत दूर, बहुत दूर चला जाऊँगा।
✍ जय❤

गिरते संभलते इस इश्क़ में, हम इतने गिराए गए,
कि अबकी गिरने के बाद, उठने की चाहत नहीं रही।
✍ जय❤

जिसको ना पाने कि ख़ुशी है, और ना हमें खोने का डर,
उसे क्या ख़ाक होगा कभी, मेरे होने न होने का असर।
✍ जय❤

इक उम्र हुई जैसे, जबसे दूर हुआ तुमसे,
इतनी लंबी तो कम्बख़्त, अपनी ज़िन्दगी नही लगती।
✍ जय❤

कोई शिकायत हो तो बता दो, कहानी पूरी कर जाएंगे,
वरना नाराज़ जो हम हुए तो, कहानी अधूरी कर जाएंगे।
✍ जय❤

सुनो! अब बस करो ना,
थक गए हैं इश्क़ का ऐतबार करते-करते।
✍ जय❤

इक अजीब सा दर्द का सा है आज फिर सीने में,
कमजोर पड़ गया हूँ इस कदर तुम्हारे बिना जीने में।

यकीं है कि तुम हो और हर पल साथ ही होगी,
फिर क्यों चेहरा नहीं दिखता तुम्हारा, मेरे आइने में।
✍ जय❤

टूट कर चाहते थे तुम्हें,
और अब बस टूट चुके हैं।
✍ जय❤

जा कि अब तुझ पर ,मैं लिखना भूल जऊँगा,
नहीं भुला अगर तुझको, तो खुद को भूल जाऊँगा।
✍ जय❤

57. कुछ और

हम तो बयान करते हैं हाल-ए-दिल बड़े ख़ुश मिज़ाज से,
वो तो कविताएँ हैं मेरी जो तुझको रुला देती हैं।
✍ जय❤

गरुर उस आज का जो हम मिट्टी के ऊपर है,
जो नीचे होंगे तो अपना गरूर भी नीचे होगा।
✍ जय❤

ख़्वाहिशों को भी कभी आज़ाद उड़ने दो,
सुना है तकदीरें भी उनको फिर हवा देती हैं।
✍जय❤

समझदारी के कीड़े ने जबसे काटा है हमको,
जरूरतों, जिम्मेदारियों में उलझ के रह गए हैं हम।
✍ जय❤

बेपरवाह रहने का मज़ा तो देखिए साहेब,
ज़िन्दगी फिर से हसीन लगने लगी है।
✍ जय❤

वो जो ढूँढते हैं बहाने उनसे बात करने को,
बहाने ढूँढना भी उनका इक बहाना लगता है।
✍ जय❤

लब्ज़ों से ना कहा तो उसने कायर समझ लिया,
जो लिखने लगा तो अब उसने हमे शायर समझ लिया।
✍ जय❤

राजनीति इतनी गन्दी ना होती, तो शायद इस पर भी कुछ लिखता,
लिखने सोचता हूं तो, पन्ने गंदे हो जाने का डर लगता है।
✍ जय❤

रात को जाना और फिर, तड़के निकल जाना,
घर अब घर नहीं, मुसाफिरखाने लगते हैं।

ज़िन्दगी ने जब से, इन शहरों में कदम रखा है,
ज़िन्दगी बहुत कम, बस जिंदा लाश के पैमाने लगते हैं।
✍ जय❤

रातों को सुकून की आदत, तो कभी थी ही नहीं,
वो तो हम हैं, जो ख़ामोशियों में सुकून ढूँढा करते हैं।
✍ जय❤

ख़ामोशियां भी अक्सर, बहुत कुछ बोला करती हैं,
यकीं ना आए तो इक दफ़ा, ख़ामोश रह कर भी देख लो।
✍ जय❤

घरों में बंद रहने को, यूंही बेज़ारी मत समझो,
खुल के जीने के लिए, अब जरूरी है ये कदम।
#Lockdown
✍ जय❤

रंग हरा हो या हो भगवा, जोन - जोन में फर्क नहीं
मंदिर, मस्ज़िद बंद रहेंगे, खुली रहेगी मधुशाला।
#Lockdown
✍ जय❤

बड़ी कोशिशों के बाद अब ये समझ आया,
ग़मों से दोस्ती ही करना लिखा है क़िस्मत में।
✍ जय❤

ग़म जब आता है तब भी हम हँस देते हैं,
ग़म जब जाता है तब भी हम हँस देते हैं,
ख़ुश हैं की नहीं, इसकी गारंटी नहीं,
क्यूंकि ग़म जब हद से गुज़र जाता है,
तब भी हम बस हँस देते हैं।
✍ जय❤

गर नहीं मिला तुमसे इन तंग शहरों में,
दर्द की बस्तियों में अपनी मुलाकात होगी।
✍ जय❤

ग़मों को शराब में डुबोने के लिए पी लूँ लेकिन,
हमे ख़बर है ग़म को तैरना भी आता है।
✍ जय❤

रंगों और प्यार का त्योहार मुबारक़ हो तुम्हें,
लोगों का उमड़ा हुआ प्यार मुबारक़ हो तुम्हें।

बिन काटों की हो बगिया तुम्हारी ज़िंदगी ये अब,
मेरी ये दुआ बार-बार मुबारक़ हो तुम्हें।
✍ जय❤

वो जो हार जाते हैं बस यूँही हार जाने को,
उन्हें पता है हमने ख़ुद को उनसे हारा है।
✍ जय❤

कहो तो बस लिखते रहें, ऐसे ही अपने जज़्बात को,
मज़ा तो लेकिन तब है ना, जब कोई तारीफ़ भी करे।
✍ जय❤

58. नया साल मुबारक़

(तसव्वुरातों की दुनियाँ से)

उन खूबसूरत नशीली आँखों को नया साल मुबारक़,
जिनके नशे में डूबने के बाद,
हमें कुछ और नहीं सूझता।

उन उलझे हुए काले गेसुओं को नया साल मुबारक़,
जिनकी उलझनों में उलझ के रह जाने की,
ख़्वाहिश पाल रखी है हमने।

उन गुल की कली जैसे गुलाबी होंठों को नया साल मुबारक़,
जिनको ढंग से देखने की भी,
हिम्मत नहीं होती है हमें।

उन शबनमी सर्द गालों को नया साल मुबारक़,
जिनको छूने का सोच के ही मेरे हाथ थर्रा जाते है।

उन हर हरकतों को भी नया साल मुबारक़,
जो किसी मासूम लेकिन शरारती बच्चे के जैसे,
उतनी ही पाक हैं जितनी ईश्वर की आराधना।

कितने मिन्नतों के बाद ऊपर वाले ने,
एहसान करके ऐसी चीज बनाई होगी,
जिनमें वो हर बात हो जो आपको दीवाना कर दें।

तो क्यों न मुबारक़ हो ये नया साल,
हर उन शख्सियतों को भी,
जिनके पास ये सब कुछ है और बेहिसाब है।

नया साल मुबारक़
✍जय❤

59. बनारस की बड़ी याद आती है

कुछ भी कहो, बनारस की बड़ी याद आती है,
बनारस में मेरे दिल का हर अरमान बसता है।

इक तुम हो और इक मेरा अपना बनारस है,
दोनों में ही मेरी साँसों का तूफ़ान बसता है।

बड़ी दूर से आते हैं सब यहां निर्वाण पानें को,
मेरे बनारस में स्वर्ग का परधाम बसता है।

यहां बस बातें ही नहीं होती है पाक इमानों की,
लोगों की आँखों में भी ईमान बसता है।

सर छुपाने को बस इक घरौंदा ही काफी है अगर,
फिर क्यों बनारस में हम सबका जहान बसता है,

जिस शहर की हर गली में हो इश्क़ की इबादत,
जहां गंगा जमुनी तहजीब का इंसान बसता है।

हम तो यूंही रोटी के लिए इतनी दूर निकल आए,
और, वोशहर छोड़ आए जिसमें हिंदुस्तान बसता है।

कुछ भी कहो, बनारस की बड़ी याद आती है।
✍ जय❤

www.ingramcontent.com/pod-product-compliance
Lightning Source LLC
Chambersburg PA
CBHW050528240926
51846CB00003B/733
* 9 7 8 9 3 7 5 4 3 6 1 3 3 *

इश्क़.... है तो है

एक अविरत एहसास

Mrityunjay Mishra 'Jay'

BookLeaf Publishing
India | USA | UK